mare

Claudius Diemer

Das Gesicht der Meere

Inseln und Küsten aus der Weltraumperspektive

Mit einem Text von Kerstin Stelzer und Carsten Brockmann

mare

Inhalt

Vorwort

Höhe schafft Übersicht,
Übersicht erleichtert Einsicht,
und Einsicht erzeugt – vielleicht – Rücksicht.

Georg Gerster, Luftbildfotograf

Die meisten von uns haben eine besondere Beziehung zum Meer, sei es durch Erlebnisse, die wir am oder auf dem Meer hatten, sei es durch eine unbestimmte Sehnsucht. Es ist die Küste, von der aus wir auf das Meer blicken. Und es ist die Küste, die unser Blick instinktiv sucht, wenn wir uns auf See befinden. Die Küste erzeugt Kontur, sie gibt, je nach Standpunkt, mal dem Land, mal dem Meer ein Profil, ein Gesicht. Diese Gesichter, diese Grenzsäume zwischen Land und Meer, sind Thema des Bildbandes. Küsten und Inseln im Profil, in der Übersicht – von oben.

Satelliten scannen die Erde

Zahlreiche zivile Erdbeobachtungssatelliten erfassen kontinuierlich unseren Planeten und liefern dabei Bildmaterial in den verschiedensten Maßstäben und Auflösungen. Es ist eine verbreitete Vorstellung, dass diese Satelliten wie Überwachungskameras in Echtzeit arbeiten und beliebig zoomen können. In Wirklichkeit haben wir es mit weitgehend starren Aufnahmekonstellationen zu tun, die statisches Bildmaterial liefern. Die Erde wird gewissermaßen mit verschiedenen Festbrennweiten gescannt. Unterschiedliche Konstellationen sind deshalb notwendig, weil dem Wunsch nach hoher Auflösung (Schärfe) und möglichst großer Gebietsabdeckung nicht gleichzeitig entsprochen werden kann. Das eine wird mit dem anderen erkauft: hohe Auflösung nur bei kleiner Gebietsabdeckung (enger Blickwinkel), große Gebietsabdeckung nur bei geringer Auflösung (weiter Blickwinkel). Hieran gekoppelt ist auch die Häufigkeit, mit der ein und dasselbe Gebiet erfasst wird (Wiederholrate). Manche modernen Satelliten haben eine Auflösung von bis zu 60 Zentimetern (d. h. ein Pixel repräsentiert 60 × 60 Zentimeter), können aber lediglich einen Erdausschnitt von wenigen Kilometern Breite erfassen, und es dauert viele Wochen, bis dieses Gebiet erneut abgetastet wird. Andere Satelliten erfassen ganz Deutschland mit einem Mal und mehrmals täglich, dafür schrumpft das Auflösungsvermögen auf mehrere 100 Meter pro Pixel. All diese Aufnahmekonstellationen haben ihre Daseinsberechtigung, denn die verschiedenen Anwendungen verlangen auch unterschiedliche Bildeigenschaften. So benötigt z. B. ein globales Umweltmonitoring einen anderen Bildtyp als die regionale Kartierung eines Sturmschadens.

Die Informationen, die sich aus Satellitenbilddaten gewinnen lassen, werden in unterschiedlichen wissenschaftlichen Disziplinen genutzt: in den Geo- und Umweltwissenschaften, der Ozeanografie, Biologie, Meteorologie, Archäologie und vielen anderen mehr. Aus der Erhebung, Verarbeitung und Auswertung von Luft- und Satellitenbildern hat sich eine eigene Fachdisziplin entwickelt, die Fernerkundung. Sie ist eine Hilfswissenschaft, vergleichbar mit der Mikroskopie, doch gewissermaßen am anderen Ende der Betrachtungsskala. Über die Verfahren und Möglichkeiten der Fernerkundung im Bereich der Küsten- und Meeresforschung berichten Kerstin Stelzer und Carsten Brockmann in einem gesonderten Text ab Seite 133.

Satellitenbilder und Ästhetik

Neben den vielfältigen Auswertungsmöglichkeiten sind Satellitenaufnahmen von hohem didaktischen Wert. Sie verfügen außerdem über ein enormes ästhetisches Potenzial. Die Weltraumperspektive erlaubt uns wie keine andere, zurückzutreten, das Ganze zu sehen, Zusammenhänge zu erfassen. Dabei werden mitunter Farben, Formen und Strukturen sichtbar, wie sie ein Maler kaum besser ersinnen könnte – die Erde als Kunstwerk ihrer aufbauenden und abtragenden Kräfte.

Der Fundus an Bildmaterial ist schier unerschöpflich. Dass Satellitenbilder als Medium für Grafiker, Künstler und Fotografen bisher trotzdem kaum entdeckt sind, liegt an dem teils hohen Preisniveau der Bilddaten, an dem schwierigen Datenzugriff (Expertenportale) und an Hindernissen in der Verarbeitungskette: Die Rohdaten sind kompliziert strukturiert, in zahlreiche Kanäle gegliedert, haben uneinheitliche Auflösungen, ungewöhnliche Datentiefen und -formate. Bestimmte Vorverarbeitungsschritte setzen sehr spezielle Software und fundiertes Fachwissen voraus, z. B. der Ausgleich von Verzerrungen und die Projektion der Daten auf ein kartografisches Koordinatensystem. Die Besonderheiten haben zur Folge, dass eine adäquate Verarbeitung eigentlich nur durch Spezialisten möglich ist. Lange Zeit waren Satellitenbild-Druckerzeugnisse deshalb überwiegend Neben- oder Prestigeprodukt von Firmen, die Erdbeobachtungssatelliten bauen, deren Daten vertreiben oder diese auswerten. Die fast 40 Jahre alte Satellitenbildbranche befindet sich jedoch im Umbruch. Spätestens seit Erscheinen von Programmen wie Google Earth oder World Wind erobern Satellitenbilddarstellungen einen festen Platz in der Medienwelt.

Küsten und Küstengewässer im Satellitenbild

Küstenlandschaften und küstennahe Gewässer gehören (neben Wüstenlandschaften) zu den ästhetisch interessantesten Satellitenbildobjekten. Fast immer ergeben sich kraftvolle Kontraste zwischen Wasser und Land. Markante Küstenlinien und Inselumrisse, die oft wie Silhouetten landschaftlicher Persönlichkeiten wirken, treffen auf diffuse, ganz anderen Gesetzen folgende Formen und Farben im Wasser. Die Begegnung zwischen Land und Wasser kann auf sehr unterschiedliche Weise erfolgen – weich und einladend, aber auch unruhig und schroff, beispielsweise dort, wo das Meer in ein bestehendes Gebirge eingedrungen ist. Es gibt mannigfaltige Küstenformen. Immer sind sie lediglich ein flüchtiger Zustand im ständigen Kampf von Abtragung und Aufschüttung, Meeresspiegelschwankungen, Landhebung und Landsenkung.

Während das Reflexionsverhalten von Landflächen im Satellitenbild verhältnismäßig statisch und zuverlässig ist, sind Wasserflächen komplexe und extrem dynamische Reflexionskörper. Ein Teil der Sonnenstrahlen dringt mehr oder weniger tief ins Wasser ein, wird dort zu großen Teilen absorbiert, zum Teil aber auch an den Schwebstoffen (insbesondere Phytoplankton und anorganische Schwebstoffe) gestreut. Bei flachen Gewässern findet außerdem eine Reflexion am Meeresgrund statt. Ein Teil der gestreuten und reflektierten Strahlung tritt wieder aus dem Wasser aus und wird schließlich vom Satelliten erfasst – wir sehen Trübungen und Färbungen des Wassers, verursacht durch verschiedene Schwebstoffe und gegebenenfalls durch die Meeresbodentopografie und -beschaffenheit. Die Schwebstoffe verhalten sich räumlich und zeitlich hochvariabel (zum Phytoplankton siehe »Fernerkundung der Küsten und Meere«, ab Seite 133). So wirbeln in Wattbereichen die Gezeitenströme immer wieder Sand und Schlick auf und verursachen entsprechende bänder- und wolkenartige Trübungen (Motiv »Nordfriesische Inseln«); in Flussmündungen bringen die Flüsse in Abhängigkeit von Niederschlägen große Mengen erodierten Feinmaterials ein (Motiv »Ganges-Delta«). Die dynamischen Effekte innerhalb des Wasserkörpers werden überlagert von Spiegelungseffekten an der Wasseroberfläche. Diese hängen stark von der jeweiligen Geometrie zwischen Satellit, Wasseroberfläche und Sonne ab und kommen je nach Konstellation mehr oder weniger zum Tragen. Die Spiegelungseffekte werden etwa durch Seegang, Strömungen und Windfelder fein moduliert. Im Extremfall ergibt sich ein reliefartiges Muster, das die Oberflächengeometrie des Wasserkörpers sehr fein wiedergibt (Motiv »Astypalaia«).

So faszinierend und schön die besonderen Reflexionsmuster von Wasserflächen aus ästhetischer Sicht sind – durch ihre hohe Variabilität werden sie zur technischen Herausforderung bei der Bildverarbeitung, sobald mehrere Aufnahmen unterschiedlichen Datums kombiniert werden müssen. Die Kombination mehrerer Bilder wird immer dann notwendig, wenn größere Gebiete in hoher Schärfe dargestellt werden sollen. Dies ist bei Visualisierungsaufgaben eher die Regel als die Ausnahme. Da sich die Wasserflächen zwischen den Aufnahmen extrem unterscheiden können, wird eine stimmige und homogene Darstellung größerer Wasser- und Küstenabschnitte nahezu unmöglich oder zumindest sehr schwierig. So kommt es, dass in vielen Satellitenbilddarstellungen und -programmen die Wasserflächen pauschal ausmaskiert (d. h. mit künstlichen Farbwerten belegt) werden. Leider wird damit auch die besondere Ästhetik des Küstensaumes zerstört.

Buch und Bild

Mit den Motiven in diesem Buch möchte ich Ihnen eine Auswahl von Inseln, Küsten- und Wasserlandschaften aus der Weltraumperspektive vorstellen. Sie werden Porträts von Bekanntem finden: bedeutende Meeresstraßen, berühmte Kaps, beliebte Urlaubsinseln, markante Flussdeltas. Diese Motive sind oftmals Mosaike aus mehreren Bildern. Andere Motive können als Detailstudien oder Schnappschüsse charakterisiert werden. Bei ihnen geht es um ein interessantes landschaftliches Detail oder auch um einen besonderen Moment, der z. B. mit einer schönen Wolkenstruktur oder einer spannenden Meereis-Situation bereichert ist. Hier sind meist nur wenige Bilder beteiligt, manchmal sogar nur eines, das dafür sehr sorgfältig aus einer großen Menge ausgesucht wurde.

Der Betrachter wird sich bei manchen Bildern fragen, ob die Farben realistisch sind. Die Frage lässt sich nicht eindeutig beantworten. Kein Astronaut würde den jeweiligen Erdausschnitt so kontrastreich und farbenfroh sehen, wie er auf den Bildern dargestellt wird. Trotzdem resultieren die Farben aus den tatsächlichen Reflexionseigenschaften der Erdoberflache, allerdings befreit von Blaustich und trübendem Einfluss der Atmosphäre und zusätzlich verstärkt im Kontrast. Bei einigen Motiven sind Helligkeit und Kontrast der Wasserflächen gesondert bearbeitet, weil diese Flächen sonst zeichnungslos bleiben würden. Sie sind hier sozusagen nachbelichtet. Alle Modifikationen wurden so vorgenommen, dass sie das Bild im Sinne der visuellen Interpretierbarkeit verbessern.

Jedes Motiv ist mit einem kleinen Erläuterungstext ausgestattet. Diese Texte haben nicht den Anspruch, ein vollständiges Porträt der dargestellten Region zu zeichnen. Sie sind als Einstieg gedacht, der helfen soll, das Motiv geografisch einzuordnen und die Besonderheiten des Dargestellten zu verstehen. Eine Übersichtskarte der gezeigten Erdausschnitte sowie ein Anhang mit technischen Daten zu den Bildern und einem Glossar runden das Buch ab.

Ich werde bei meinen Ausstellungen häufiger gefragt, ob es sich bei meinen Satellitenbildarbeiten um Kunst handele oder nicht. Mir geht dieser Begriff zu weit, und zwar aus mehreren Gründen. Zunächst ist das zugrunde liegende Rohbildmaterial mehr oder weniger öffentlich. Zwar liegen zwischen Rohdaten und Endergebnis zahlreiche individuelle Eingriffe, trotzdem können andere Satellitenbildverarbeiter zu ähnlichen Ergebnissen kommen, wenn sie die gleichen Daten und den gleichen Ausschnitt verwenden. Eine Einmaligkeit ist also kaum gewährleistet. Des Weiteren erfolgt die eigentliche Aufnahme automatisch. Im Gegensatz zum Luftbildfotografen oder zum fotografierenden Astronauten bestimme ich weder die Perspektive noch drücke ich den Auslöser. Der Freiheitsgrad ist also gegenüber der normalen Fotografie stark reduziert. Ich bin außerdem weder kompositorisch tätig, noch führe ich bewusste Verfremdungen durch. Meine Leistung beschränkt sich auf das Finden der Bilder, die Festlegung der Ausschnitte und die feine Bildausarbeitung. Ich betrachte mich als eine Art Entdecker und Schatzheber – eine Rolle, mit der ich als Geograf äußerst zufrieden bin. Die eigentlichen Künstler, die an meinen Bildern wirken, sind die gestaltenden, formenden Kräfte der Erde.

Wenn es mir gelingt, mit meinen Arbeiten die Schönheit von Küstenlandschaften angemessen und ästhetisch überzeugend in Szene zu setzen, habe ich mein Ziel schon erreicht. Sollte das Buch darüber hinaus ein wenig zu Ihrem Landschaftsverständnis beitragen und Ihren Blick für die Fragilität unseres Planeten schärfen, wäre dies ein wunderbarer Zusatzeffekt.

Claudius Diemer
Monschau, im Februar 2009

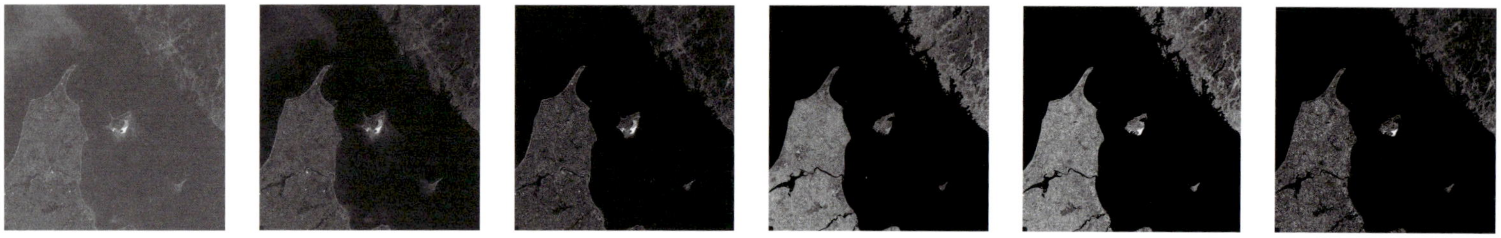

1 Einzelkanäle

2 Farbbild

3 Projiziertes Farbbild

Ergebnis der Abbildungen 1–3: Diverse projizierte Farbbilder

4 Rohmosaik

5 Homogenisiertes Mosaik

6 Fertiges Bild

Mosaikherstellung
Um größere Regionen gestochen scharf und wolkenfrei darstellen zu können, müssen oft zahlreiche Einzelaufnahmen miteinander kombiniert (mosaikiert) werden. Der Mosaikherstellung geht zunächst eine aufwendige Datenrecherche voraus. Es gilt, die optimalen Rohdaten zu finden im Sinne der Wolkenfreiheit, des Vegetationszustandes (Jahreszeit) und der Datenqualität. Sind geeignete Satellitenbildrohdaten beschafft, müssen daraus Farbbilder generiert werden, denn Satellitenaufnahmen sind keine Fotos im klassischen Sinne, sondern bestehen aus einer größeren Zahl von Kanälen (1), die jeweils einen bestimmten Wellenlängenbereich als Graustufenbild repräsentieren. Unter diesen Kanälen befinden sich auch verschiedene Infrarotauszüge, welche die thematische Aussagekraft der Daten erheblich erweitern. Das erzeugte Farbbild (2) muss in eine geeignete kartografische Projektion überführt werden (3), damit sich eine möglichst verzerrungsarme Darstellung des Erdausschnittes ergibt. Außerdem ist eine einheitliche Projektion Grundvoraussetzung für die geometrische Kompatibilität der verwendeten Einzelbilder untereinander. Sind alle Einzelbilder auf diese Weise vorbereitet, werden sie wie bei einem Puzzle zusammengefügt und bilden das Rohmosaik (4). Durch die einheitliche Projektion passen die Bilder zwar geometrisch perfekt zusammen, trotzdem ergibt sich zunächst ein chaotischer Bildverband, da erhebliche Unterschiede bestehen: Dunst, Wolken, Wasser- und Vegetationszustand führen zu deutlich sichtbaren Bildkanten. Damit ein homogener Eindruck entsteht, werden nun Wolkenreste weggeschnitten, Helligkeits- und Farbunterschiede ausgeglichen und Bildinhalte entlang markanter Landschaftsgrenzen verzahnt (5). Diese Anpassungsprozedur ist der aufwendigste Schritt in der Verarbeitungskette. Sie verlangt Erfahrung und viel Geduld. Die sehr unterschiedlich aussehenden Wasserflächen sind dabei oftmals das größte Problem. Als abschließender Schritt wird noch der endgültige Ausschnitt festgelegt (6).

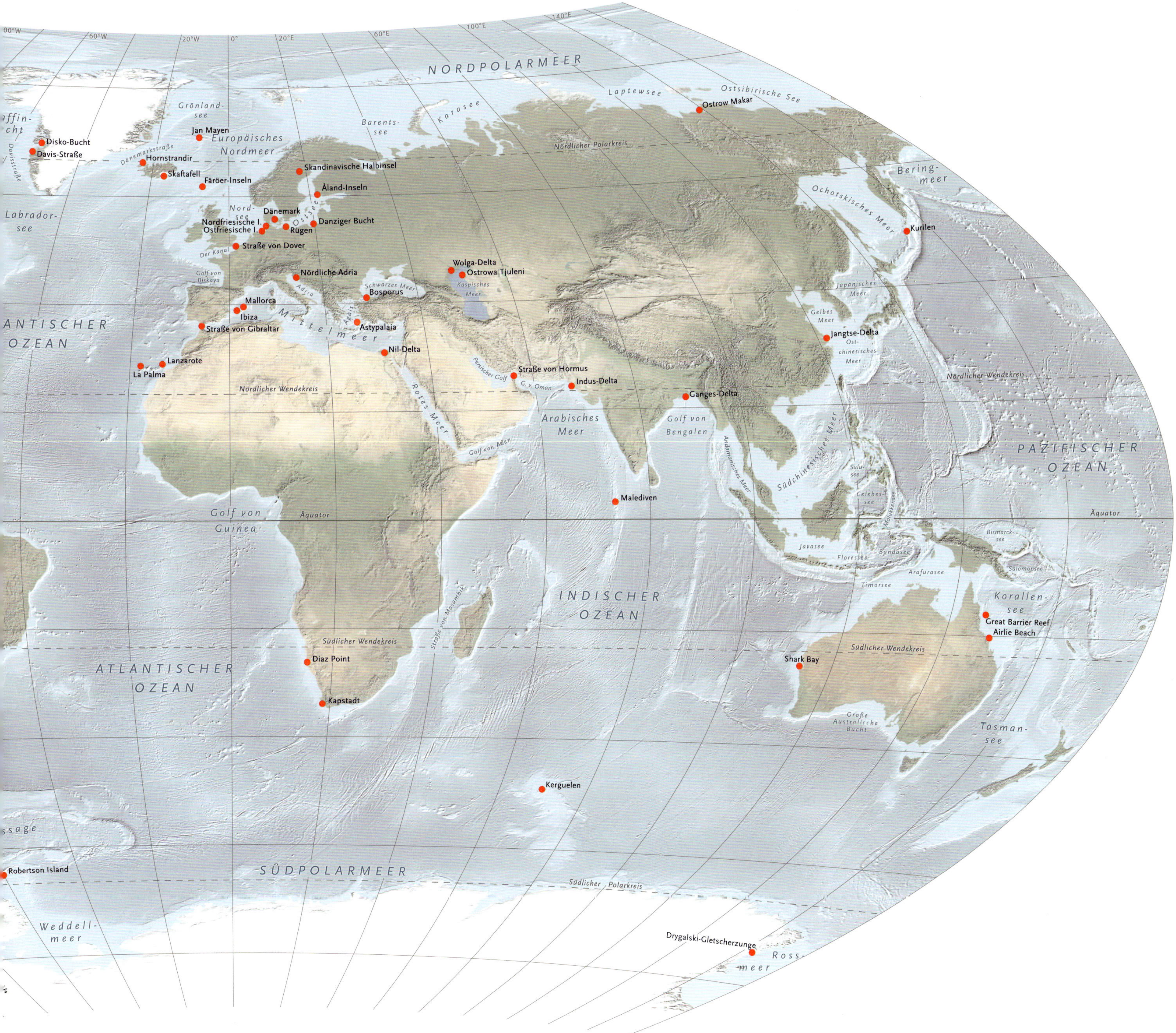

60°W
20°W
0°
20°E
60°E
100°E
140°E
NORDPOLARMEER
Laptewsee
Ostsibirische See
Ostrow Makar
Grönland-
see
Barents-
see
Karasee
Disko-Bucht
Davis-Straße
Davisstraße
Jan Mayen
Europäisches
Nordmeer
Dänemarkstraße
Hornstrandir
Skaftafell
Färöer-Inseln
Nördlicher Polarkreis
Skandinavische Halbinsel
Åland-Inseln
Labrador-
see
Nord-
see
Dänemark
Nordfriesische I.
Ostfriesische I.
Ostsee
Rügen
Danziger Bucht
Straße von Dover
Der Kanal
Golf von
Biskaya
Nördliche Adria
Adria
Wolga-Delta
Ostrowa Tjuleni
Kaspisches
Meer
Schwarzes Meer
Bosporus
Mallorca
Ibiza
Mittelmeer
Ägäis
Astypalaia
Straße von Gibraltar
ATLANTISCHER
OZEAN
Nil-Delta
Lanzarote
La Palma
Nördlicher Wendekreis
Rotes Meer
Persischer Golf
Straße von Hormus
G. v. Oman
Indus-Delta
Ganges-Delta
Arabisches
Meer
Golf von
Bengalen
Golf von Aden
Bering-
meer
Ochotskisches Meer
Kurilen
Japanisches
Meer
Gelbes
Meer
Jangtse-Delta
Ost-
chinesisches
Meer
Nördlicher Wendekreis
Andamanisches Meer
Südchinesisches Meer
Sulu-
see
Celebes-
see
Molukkensee
PAZIFISCHER
OZEAN
Malediven
Golf von
Guinea
Äquator
Äquator
Bismarck-
see
Javasee
Floressee
Bandasee
Salomonsee
Arafurasee
Timorsee
INDISCHER
OZEAN
Korallen-
see
Great Barrier Reef
Airlie Beach
Straße von Mosambik
Südlicher Wendekreis
Diaz Point
Südlicher Wendekreis
Shark Bay
ATLANTISCHER
OZEAN
Kapstadt
Große
Australische
Bucht
Tasman-
see
Kerguelen
Robertson Island
SÜDPOLARMEER
Südlicher Polarkreis
Weddell-
meer
Drygalski-Gletscherzunge
Ross-
meer

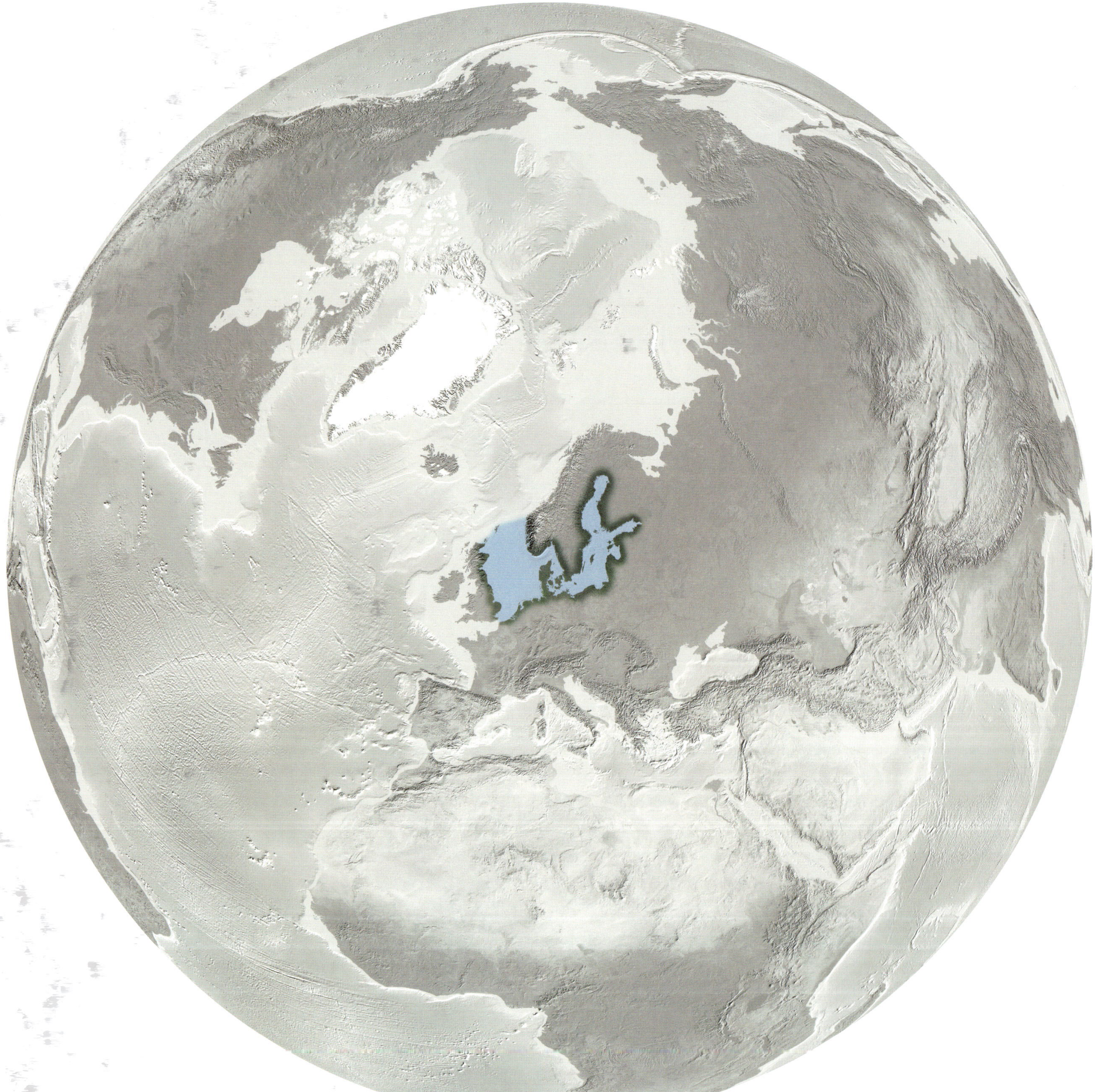

Nordsee und Ostsee

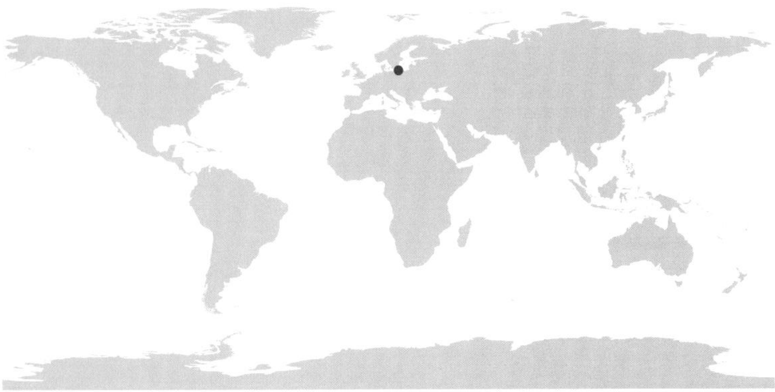

Rügen

Ostsee | Deutschland

Die Ostseeinseln Rügen und Hiddensee sowie Teile von Zingst (links) und Usedom (unten rechts). Größere, gut erkennbare Ortschaften im Bild sind Stralsund und Greifswald auf dem Festland sowie Bergen und Sassnitz auf Rügen. Die Küste ist durch zahlreiche Buchten, Lagunen, Halbinseln und Landzungen stark zergliedert. Es handelt sich um eine nacheiszeitlich überflutete Grundmoränenlandschaft. Die Hochgebiete der Grundmoräne wurden zu Inseln und Halbinseln, die Niederungen zu flachen Buchten. Strömung, Brandung und Wind gleichen diesen jungen und unruhigen Küstenverlauf aus, indem sie Landsporne und Kliffs abtragen; eine solche Abtragung manifestiert sich im Bild als Sedimentfahne an den Kreidefelsen von Jasmund. Dagegen werden im Lee der Abtragung Strandhaken oder Nehrungen aufgebaut. Hierdurch werden die Buchten nach und nach abgeschnürt. Sie werden zu Lagunen oder Bodden. Später verlanden sie.
Rügen ist die größte Insel Deutschlands. Das beliebte Ferienziel ist geprägt von großparzelliger Landwirtschaft, Wäldern und vielfältigen Küstenlandschaften.

10 km

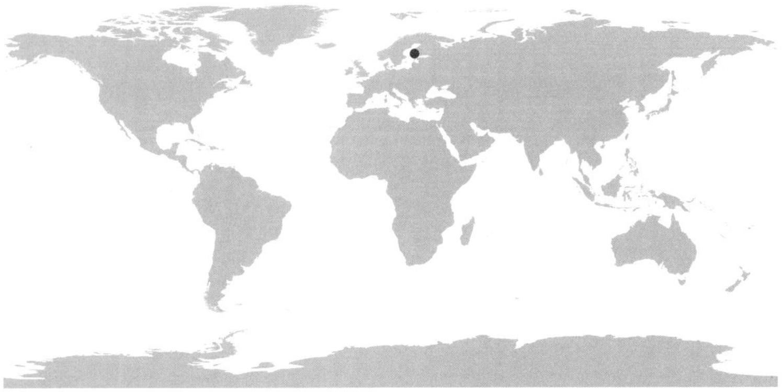

Åland-Inseln

Ostsee | Finnland

Die Südwestküste von Finnland mit dem Schärenmeer (rechts) und den Åland-Inseln (Mitte und links). Der Archipel liegt am Eingang zum Bottnischen Meerbusen (der sich nach Norden öffnet) und zum Finnischen Meerbusen (der sich nach Osten öffnet). Das Satellitenbild entstand im April. Das winterliche Meereis war im Jahr der Aufnahme besonders ausgeprägt und hatte zwischen den Inseln eine fast durchgehende Eisfläche geschaffen. Nun befindet sich das Meereis im Rückzug, schmilzt und beginnt, sich von der Küste zu lösen. Die Reste werden mit der Strömung verdriftet, während sie sich weiter auflösen.
Åland-Inseln und Schärenmeer umfassen Zehntausende Inseln und Schären, wobei viele der Schären aus kaum mehr als einem kleinen Felsen bestehen. Schären sind durch Inlandeis abgeschliffene und überformte Felskörper (»Rundhöcker«), die nach der Eiszeit durch den Anstieg des Meeresspiegels untergegangen sind und als kleine Inseln aus dem Meer ragen. Da sich die Skandinavische Halbinsel infolge der Druckentlastung durch das abgetaute Inlandeis der letzten Eiszeit immer noch hebt, tauchen mit der Zeit neue Inseln auf. Bestehende Inseln »wachsen« und verbinden sich mit anderen Inseln.

20 km

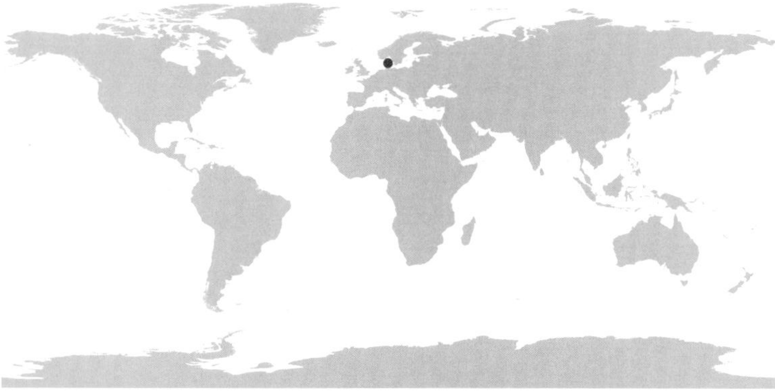

Dänemark

Nord- und Ostsee

Dänemark sowie Teile von Norddeutschland und Südschweden – Brückenland zwischen Mittel- und Nordeuropa. Dänemark hat mehr als 440 Inseln, von denen Fünen, Seeland und Lolland (Bildmitte) sowie Bornholm (rechter Bildrand) die größten sind. Jütland bildet als Fortsetzung der Norddeutschen Tiefebene den einzigen Festlandabschnitt. Zwischen Jütland und Schweden liegt das Kattegat, die Verbindung von Nord- und Ostsee. Während die Nordseeküste Dänemarks ausgeglichen verläuft, ist die Ostseeküste reich gegliedert: schmale Förden, weite Buchten, zahllose Inseln mit Meeresstraßen und -engen, die Belte und Sunde. Das ganze Land ist durch die Eiszeiten überprägt und besteht aus jungen Moränen und Sanderflächen. Einzige Ausnahme ist die abgelegene Felseninsel Bornholm.
Bei dieser Darstellung handelt es sich um ein Mosaik aus 16 Einzelaufnahmen des amerikanischen Erdbeobachtungssatelliten »Landsat 7«.

50 km

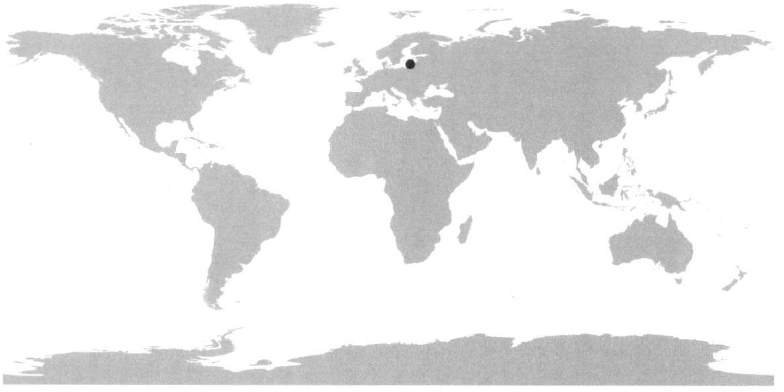

Danziger Bucht

Ostsee | Polen

Das Bild zeigt die eindrucksvolle Haff- und Nehrungsküste an der südlichen Ostsee zwischen dem polnischen Gdańsk (Danzig, links) und dem litauischen Klaipėda (Memel, rechts oben). Ihre Bildung ähnelt der von Rügen (Seite 16), ist jedoch ausgeprägter und fortgeschrittener. Auch hier trägt die küstenparallele Strömung Landvorsprünge ab und baut im Lee Haken und Nehrungen auf. Links im Bild findet sich die markante Halbinsel Hela; sie erinnert an einen filigranen Brückenbau. Südlich davon liegen die Städte Gdynia (Gdingen) und Danzig, weiter östlich dann die Weichselmündung mit dem Weichseldurchstich. Es folgt die lang gezogene Frische Nehrung, die das Frische Haff abriegelt. An dessen östlichem Ende befindet sich das russische Kaliningrad (Königsberg). Nördlich des angrenzenden Landsporns beginnt die beinahe 100 Kilometer lange Kurische Nehrung mit dem Kurischen Haff, deren Nordende die Stadt Memel markiert. Beide Haffs zeigen auffällig helle Wasserstrukturen. Ursache ist ihre Flachgründigkeit und der hohe Sedimenteintrag durch die in sie mündenden Flüsse Nogat, Pregel und Memel.

25 km

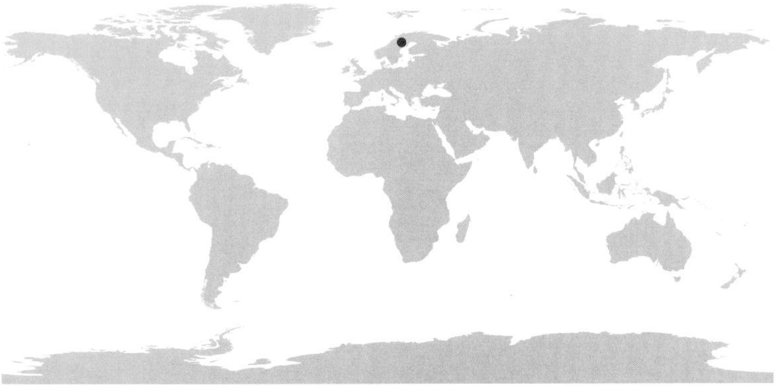

Skandinavische Halbinsel

Nord- und Ostsee | Finnland, Norwegen, Schweden

Das Bild zeigt die gesamte Skandinavische Halbinsel sowie Dänemark, das Baltikum und Teile Russlands. Bei dieser Darstellung handelt es sich um eine komplexe Zusammensetzung aus unterschiedlichen Datenquellen. Zahlreiche Einzelbilder der amerikanischen Umweltsatelliten »Terra« und »Aqua« wurden kombiniert, um zu einer wolkenfreien und gestochen scharfen Abbildung der Landflächen zu gelangen. Die Meeresflächen sind eine Mischung aus echten Bildinformationen in Küstennähe und künstlich eingearbeiteten Tiefen im offenen Meer (je dunkler das Blau, desto tiefer das Wasser). Die Einbindung von Meerestiefen ist bei der Darstellung großer Erdteile oft die einzige Möglichkeit, Wasserflächen eine Zeichnung zu geben; in optischen Satellitenbildern sind die offenen Meeresflächen häufig informationslos (schwarz) oder derart unterschiedlich, dass ein homogener Verband aus mehreren Bildern nicht realisierbar ist. Die extremen Bildunterschiede auf dem Wasser resultieren vorwiegend aus unterschiedlichen Sonnenreflexionen.

250 km

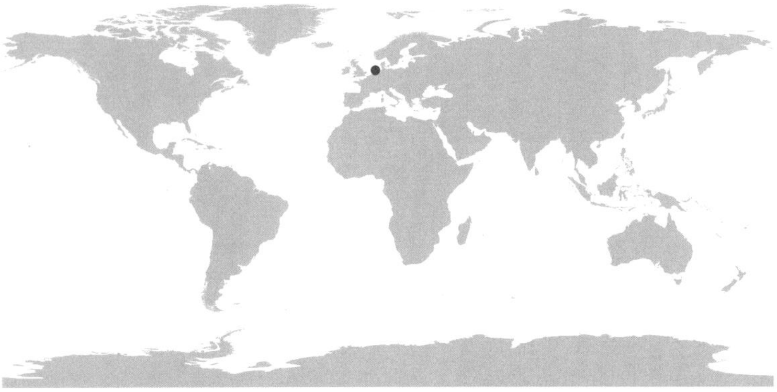

Nordfriesische Inseln

Nordsee, Deutsche Bucht | Deutschland

Küstenland im Griff der Gezeiten: der Ostteil der Deutschen Bucht mit den Nordfriesischen Inseln (von oben nach unten) Sylt, Föhr, Amrum, den Halligen, Pellworm und Nordstrand. Im unteren Bildteil findet sich die Halbinsel Eiderstedt mit St. Peter-Ording und dem einzigen Nordseestrand mit Festlandanbindung, außerdem Teile von Dithmarschen und die Hochseeinsel Helgoland.
Durch die Niedrigwassersituation sind die Wattflächen an der Küste klar zu erkennen (Grautöne). Hiervon heben sich deutlich die tief eingeschnittenen Seegatts ab (dunkelblau), durch die die Gezeitenströme ein- und ausfließen. Das frisch ausgeströmte Wasser ist schlick- und sandbeladen, was im Meer zu bemerkenswerten Strukturen führt (helle Blautöne). Sie folgen den Strömungen und Tiefenverhältnissen. Die Landflächen werden von den Wiesen- und Weideflächen (grün) sowie Ackerbau (gelb-braun) beherrscht. Die Grenze zu Dänemark im Norden ist an der abrupten Zunahme des Ackerbaus erkennbar. Große Ortschaften im Bild sind Westerland, Husum und Heide.

20 km

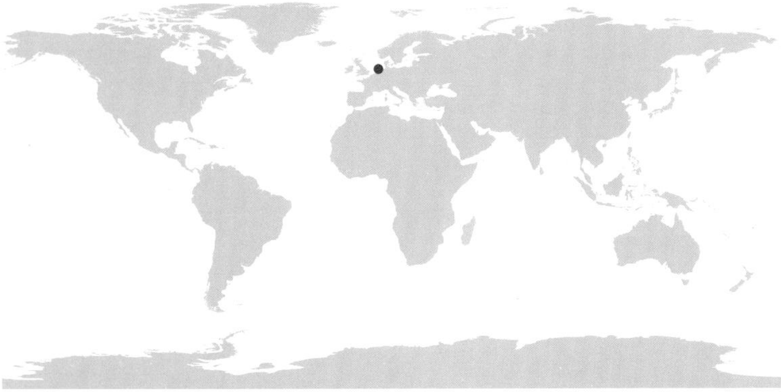

Ostfriesische Inseln

Nordsee, Deutsche Bucht | Deutschland

Das Bild zeigt die Ostfriesische Halbinsel, eingerahmt von dem Dollart (mit der Emsmündung und der Stadt Emden, links unten) und dem Jadebusen (mit der Stadt Wilhemshaven, rechts). Östlich des Jadebusens findet sich die Mündung der Weser mit Bremerhaven (äußerst rechter Bildteil). Der Küste vorgelagert sind die Ostfriesischen Inseln mit (von links nach rechts) Borkum, Juist, Norderney, Baltrum, Langeoog, Spiekeroog und Wangerooge. Zwischen Inseln und Festland befindet sich das Wattenmeer. Im oberen Bildteil ist die Hochseeinsel Helgoland zu erkennen.
Die Ostfriesischen Inseln sind keine alten Landreste, sondern junge Dünenaufschüttungen am Rand des Wattenmeers. Sie verändern sich und »wandern« in der küstenparallelen Strömung von West nach Ost, indem an ihrem westlichen Rand Sand abgetragen, am Ostrand hingegen angehäuft wird. Durch Befestigungen versucht der Mensch, diese natürlichen Veränderungen aufzuhalten. Dollart und Jadebusen resultieren übrigens aus Meereseinbrüchen im Mittelalter (Sturmfluten).
Ebbe und Flut lösen sich in den hier verwendeten Aufnahmen gerade ab. Wattstrukturen und Sandbänke zeichnen sich zwar deutlich ab, sind aber noch (oder wieder) von Wasser bedeckt und ragen nur an wenigen Stellen heraus. Aufgewirbelter Schlick und Sand führen in Verlängerung der Seegatten und Flussmündungen zu wolken- und fahnenartigen Strukturen im Meer.

20 km

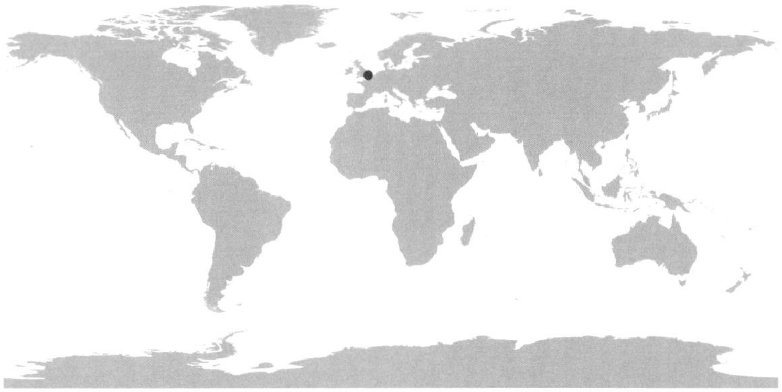

Straße von Dover

Nordsee | England, Frankreich

Die Straße von Dover ist der schmalste Teil des Ärmelkanals. Sie verbindet den Atlantischen Ozean mit der Nordsee, die sich im Bild nach Nordosten hin öffnet. Gleichzeitig trennt sie Großbritannien (oben links) vom europäischen Festland (rechts). Nahe der engsten Stelle der Straße befinden sich die Hafenstädte Dover (England) und Calais (Frankreich). Im oberen linken Bildteil sind London und die Mündung der Themse zu erkennen. Sie bildet ein auffälliges, trichterförmiges Ästuar mit zahlreichen Sandbänken und Wattflächen. Im oberen rechten Bildteil befindet sich das gemeinsame Mündungsdelta von Rhein, Maas und Schelde.
Die Straße von Dover ist nicht nur eine Engstelle für die Schifffahrt, sondern auch für den Golfstrom, der sich, vom Atlantik kommend, in die Nordsee presst. Die Meeresströmung wird von den wechselnden Gezeitenströmen überlagert, die durch die beidseitige Trichterform der Meerenge ebenfalls gebündelt werden. Die starken Wasserbewegungen zeigen sich im Bild in einer entsprechenden Ausrichtung von Sedimenten und Sandbänken im Wasser. Augenfällig ist dies in der Themsemündung: Die Sedimentfracht des Flusses wird mit der Meeresströmung nordwärts mitgerissen.
Die fast weißen Sedimentfahnen im unteren linken Bildteil haben ihre Ursache übrigens in den hellen Kalkgesteinen, die in der Region vorherrschen, wie an den berühmten Kreidefelsen von Dover und an der Alabasterküste der Normandie.

30 km

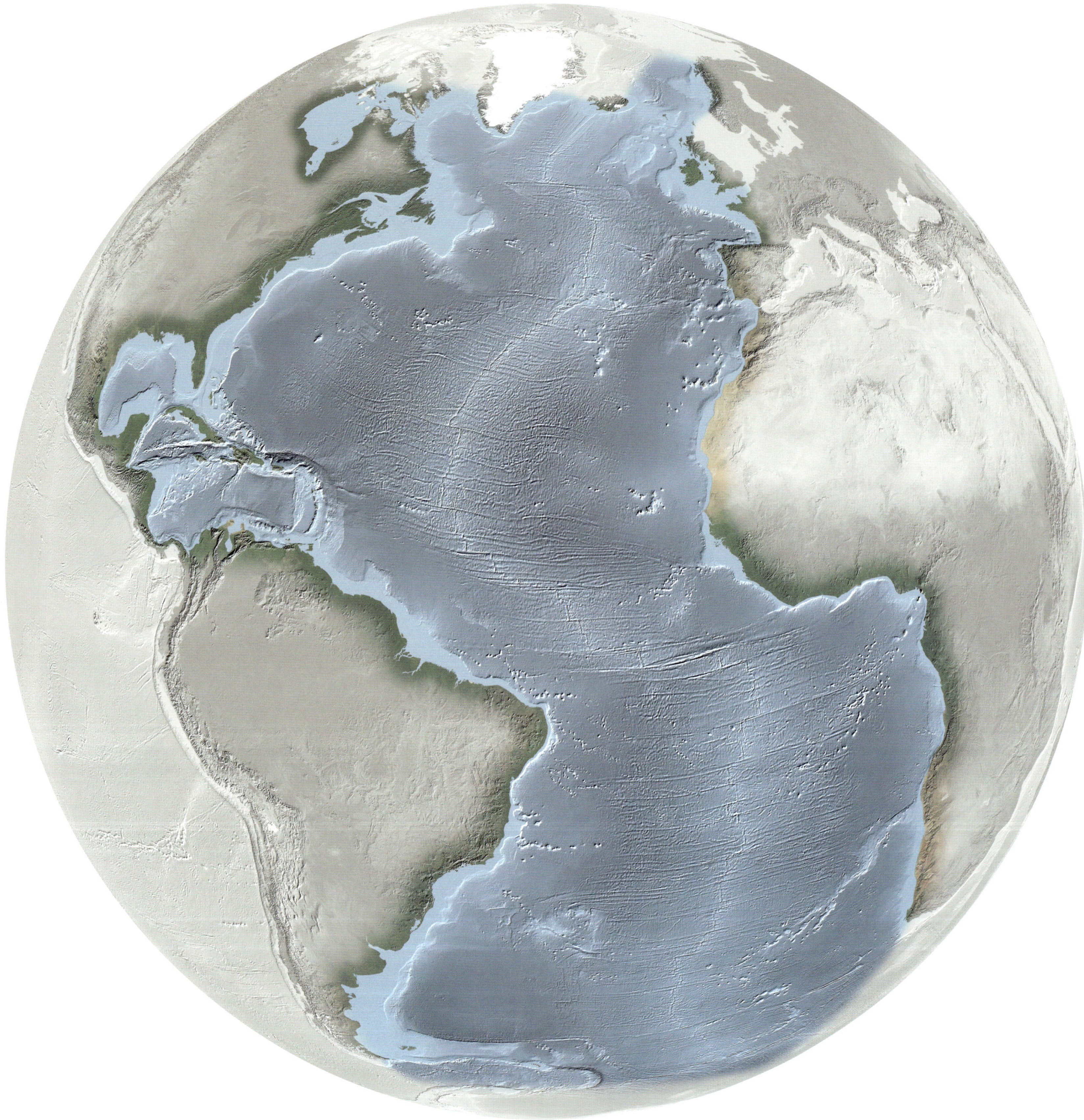

Atlantischer Ozean

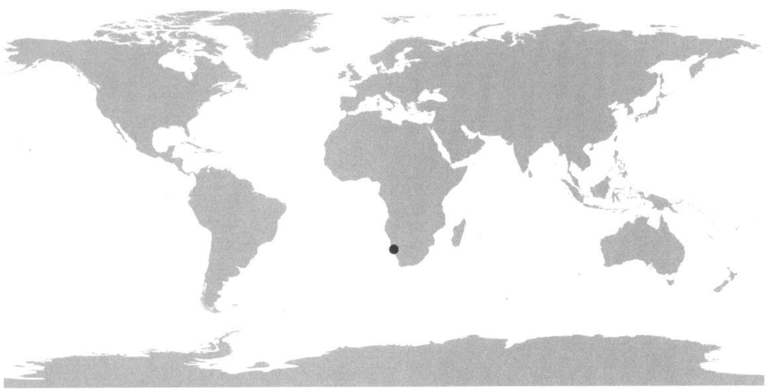

Diaz Point

Atlantischer Ozean | Namibia

Wie an den meisten Tagen im Jahr haben sich über dem Wasser an den Ufern der Namib-Wüste im südlichen Afrika dichte Nebel gebildet, die die Küstenlinie nachzeichnen. Der Kontrast von Wüste und Nebel rührt vom Benguelastrom, der sich nordwärts entlang der Küste von Namibia bewegt. Sein kaltes Wasser kühlt die darüber streichende Luft stark ab und erzwingt die Kondensation des in ihr enthaltenen Wasserdampfs – ein oberflächennaher Nebel entsteht. Zugleich erzeugt das kalte Wasser eine stabile Luftschichtung, was das Aufsteigen größerer Luftmassen und damit die Grundvoraussetzung für Regenwolken verhindert.

Die Namib gehört zu den trockensten und unwirtlichsten Wüsten der Erde, in der nur wenige, hochspezialisierte Tier- und Pflanzenarten überleben. Orangefarbene Dünen dominieren die Landschaft, die sich nordöstlich des Bildausschnitts zu den höchsten der Welt auftürmen.

20 km

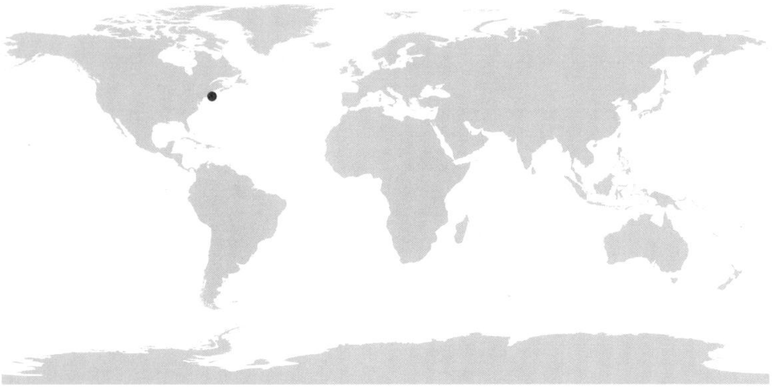

Cape Cod

Atlantischer Ozean | USA

Kühn und selbstbewusst scheint sich die Halbinsel Cape Cod (deutsch Kap Kabeljau) den aufgewühlten Wassern des Atlantiks entgegenzustemmen. Schauplatz ist Neuengland, Massachusetts, südöstlich von Boston. Sonne und Satellit stehen in einem solchen Winkel zueinander, dass im rechten Bildteil die Oberfläche des Meeres fein herausmodelliert ist. Sie wirkt dramatischer, als sie es in Wirklichkeit ist. Da sind weitläufige Interne Wellen unterschiedlicher Laufrichtung (siehe »Straße von Gibraltar«, Seite 114), die sich brechen, gegenseitig modulieren und Interferenzeffekte ausbilden, dann wieder gibt es ruhigere (dunklere) Wasserzonen. Gründe für dieses Wechselspiel können Windfelder, untermeerische Hindernisse und lokale Strömungen sein. Vermutlich spielt eine Rolle, dass in diesem Küstenbereich der warme Golfstrom und der kalte Labradorstrom zusammentreffen. Im linken Bildteil zwischen Cape Cod und der südlich davon gelegenen Insel Nantucket dominieren hingegen die helleren Farben der Schwebstoffe und Sandbänke.

Das einstige Walfangzentrum Cape Cod ist heute das Sylt von Neuengland. Weitläufige Badestrände, Golfplätze und luxuriöse Hotellerie machen die Halbinsel im Sommer zum Magneten für wohlhabende Feriengäste; die Grundstückspreise in diesem Küstenabschnitt gehören zu den höchsten an der amerikanischen Ostküste.

10 km

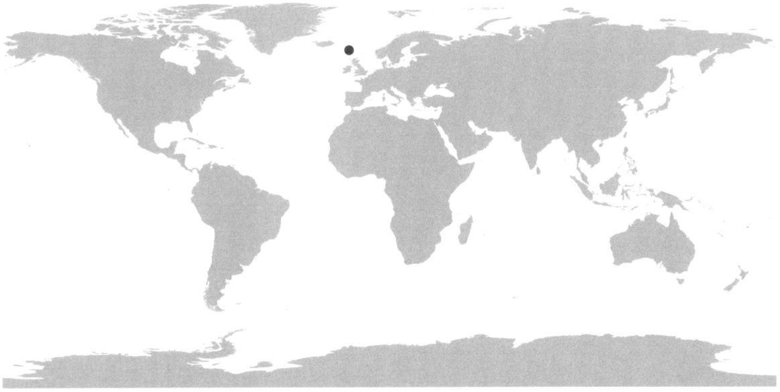

Färöer-Inseln

Atlantischer Ozean | Dänemark

Diese zu Unrecht wenig beachtete Inselgruppe trotzt im Nordatlantik dem beständigen Westwind. Der Archipel liegt zwischen Schottland, Norwegen und Island und besteht aus 18 großen Inseln sowie zahllosen kleinen Schären und Holmen. Der Untergrund ist vulkanischen Ursprungs, die alten Plateaubasalte sind jedoch vollständig durch die Gletschertätigkeit der Eiszeiten überformt. Übersteilte Täler, zerklüftete Fjorde, scharfkantige Bergrücken, rekordverdächtig hohe Klippen und enge Meeresstraßen vereinen sich zu einer Küstenlandschaft von seltener Schönheit.
Auf den Färöern herrscht ein vergleichsweise mildes, aber sehr feuchtes Klima. Die häufigen Niederschläge sorgen für üppiges Gras, das die Inseln zu einer Schafweide macht (»Schafinseln«); Regen, Nebel und schönes Wetter wechseln einander in kurzer Folge ab. Die Dynamik des Wetters macht auch die Satellitenaufnahme deutlich. Eine nach Osten abziehende Wolkendecke hat die Färöer erst kurz vor der Aufnahme »freigegeben«. Letzte Fetzen scheinen an den Inseln festzuhängen. An der Westküste hat sich Küstennebel aufgestaut.

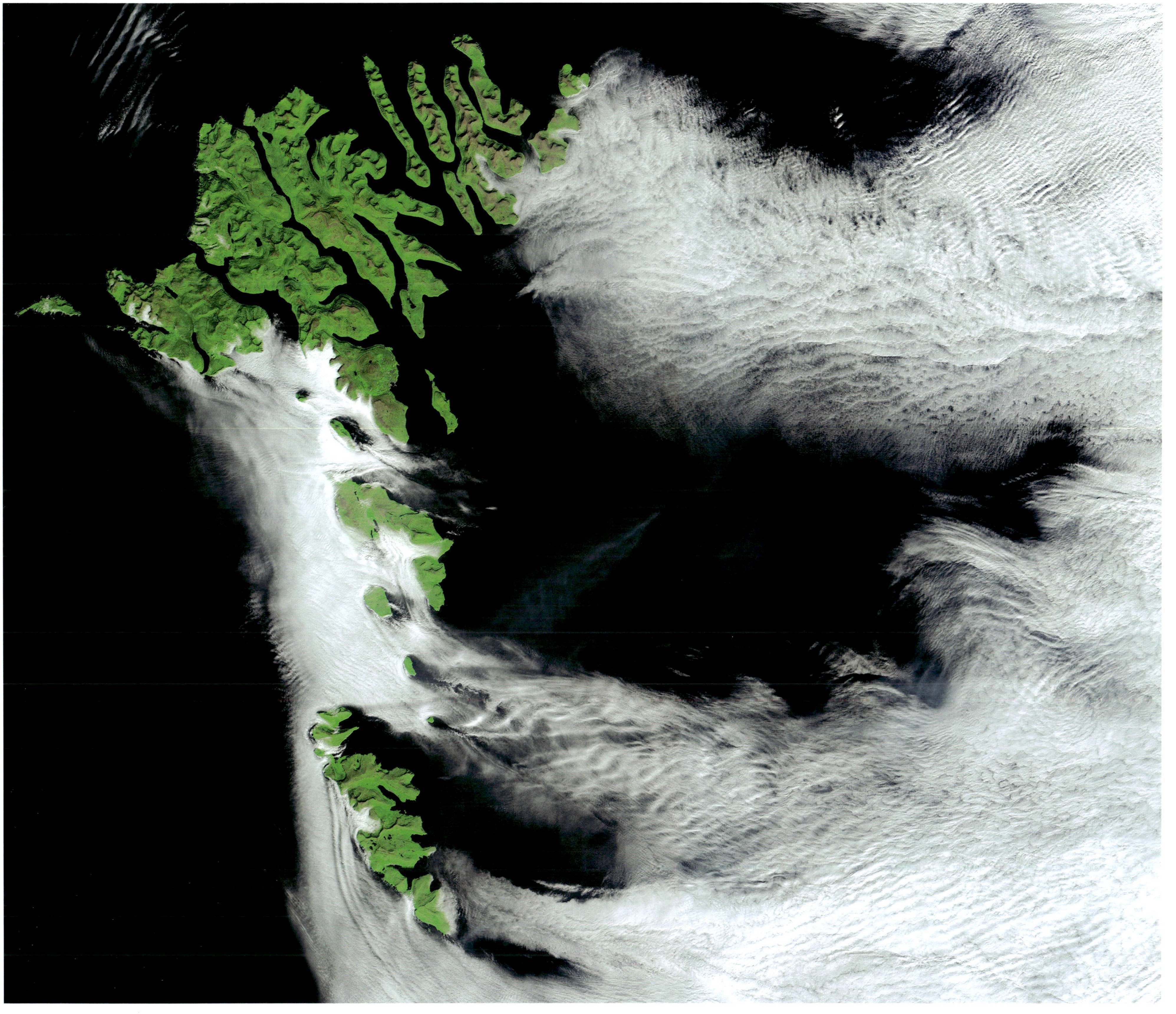

20 km

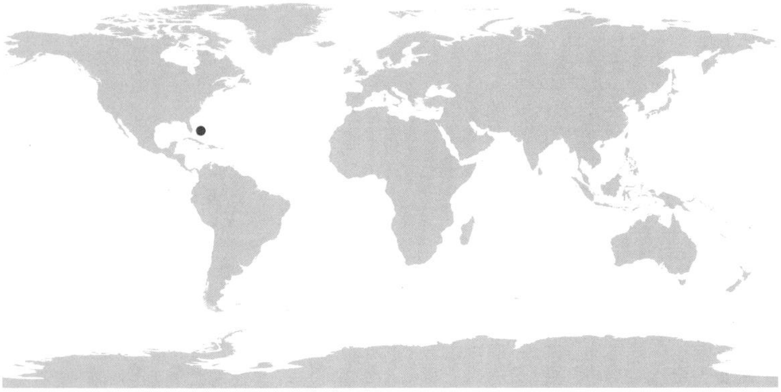

Cat Island

Atlantischer Ozean | Bahamas

Die Ansicht zeigt einen Teil der Bahamas östlich der Hauptstadt Nassau, mit den Inseln Eleuthera (Bildmitte) und Cat Island (unten rechts). Die Bahamas sind ein Inselstaat südöstlich von Florida. Sie gehören zu den Karibischen Inseln und bestehen aus 30 größeren und etwa 700 kleineren Inseln sowie zahllosen Korallenriffen. Die Inseln sind die aus dem Wasser ragenden Spitzen der Bahama Banks, mehrerer riesiger Karbonatplattformen, die aus Korallenkalk und verfestigtem Kalksand aufgebaut sind und sich vom Meeresgrund bis kurz unter die Meeresoberfläche erheben.

Dieses Bild prägen vor allem die Topografie und Beschaffenheit des Meeresbodens. Das Wasser über den Kalkplateaus ist flach, nicht mehr als 25 Meter tief, sodass sich die Bahama Banks aus dem All als große hellblaue und türkisfarbene Flächen von der direkt benachbarten Tiefsee (dunkelblau) abheben. Die feineren Farbnuancen ergeben sich aus Variationen der Wassertiefe und der Beschaffenheit des Grundes. Die wellenförmigen Sandbankmuster bei Eleuthera entstehen durch Strömungen unter Wasser.

20 km

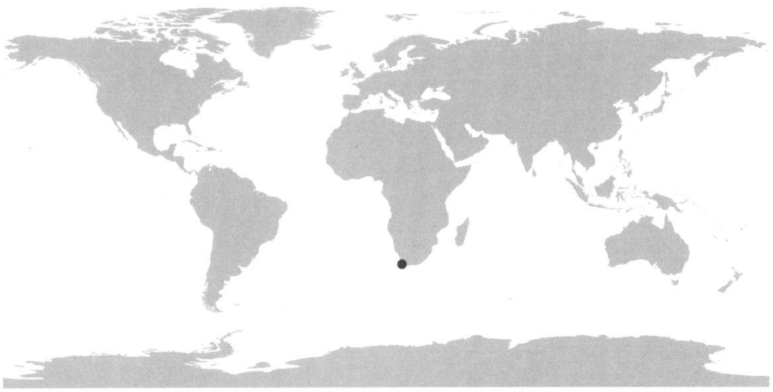

Kapstadt

Atlantischer Ozean | Südafrika

Südafrikas Metropole Kapstadt. Oben links im Bild erkennt man die ehemalige Gefängnisinsel Robben Island. Südöstlich davon in der Tafelbucht befindet sich Kapstadts Zentrum mit seinem markanten Tafelbergmassiv, die City ist gut an den Hafenbauten und Verkehrsanlagen zu erkennen. Südlich der Stadt setzt sich die Gebirgslandschaft entlang der Kaphalbinsel fort und mündet in das Kap der Guten Hoffnung, das Ende des Landsporns. Das Kap ist übrigens nicht der südlichste Punkt Afrikas; dieses Privileg hat das Kap Agulhas 150 Kilometer weiter südöstlich. Östlich der Kaphalbinsel findet sich die große False Bay, bekannt für ihre riesigen Robbenkolonien, die wiederum Weiße Haie anziehen. Zwischen False Bay und Kapstadt erstreckt sich ein weitläufiges Flachland, das fast vollständig aus Wohnsiedlungen besteht, die Cape Flats. Hier wurden Mitte des vergangenen Jahrhunderts vorwiegend Nichtweiße untergebracht. Im rechten und oberen Bildteil schließen sich landwirtschaftliche Flächen, vor allem Weinbau, und Bergland an.
Durch den tiefen Sonnenstand während der Aufnahme tritt das Relief besonders plastisch hervor. Zu erkennen sind feine Strukturen und Details auch im Meer, erzeugt von Untiefen und Schwebstoffen, aber auch von Dünung und Schaumkronen, wie etwa an der Küste südwestlich von Kapstadt.

10 km

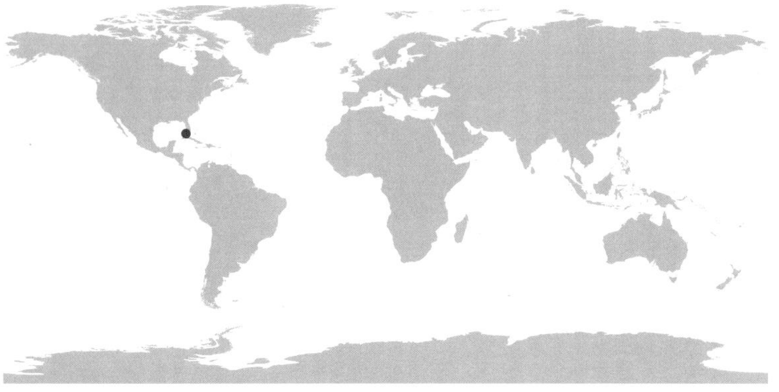

Florida Keys

Atlantischer Ozean, Golf von Mexiko | USA

Das Satellitenbild zeigt den Westrand der Florida Keys, einer Inselkette an der Südspitze Floridas. Bei der sichtbaren Inselgruppe (in Grün) handelt es sich um die Marquesas Keys. Die Inseln sind unbewohnt. Das ungewöhnlich schöne Farbspiel im Wasser, die vielfältigen Färbungen und Verläufe resultieren aus unterschiedlichen Effekten: Im unteren Bildteil wird die Farbe des Wassers überwiegend von aufgewirbelten Sedimenten beeinflusst (Türkis bis Cyan). Die Schwebstoffe werden von der Strömung verteilt und bilden Wirbel, Bänder und wolkenartige Strukturen. Südlich der Inseln wird das Wasser abrupt tiefer und klarer. An der Abbruchkante ist der Meeresboden deutlich sichtbar. Im oberen Bildteil finden sich gänzlich andere Effekte: Bei dem dunklen Bildbereich oben rechts handelt es sich wohl um eine Wolke von Phytoplankton.

10 km

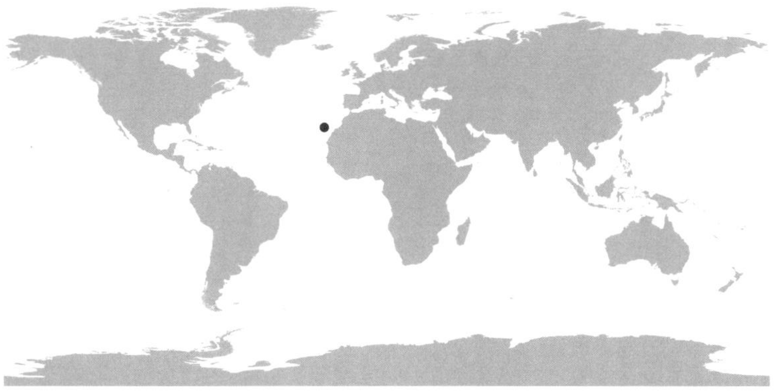

La Palma

Atlantischer Ozean | Spanien

La Palma ist die wasserreichste Insel der Kanaren und steht mit ihrem saftigen Grün im Kontrast zu der trockenen und vegetationsarmen Insel Lanzarote im Osten (Seite 48). Ursächlich für die Begünstigung ist das gewaltige, 2426 Meter hohe Vulkanmassiv im Norden, das von der Caldera de Taburiente gekrönt ist, und die kammartige Fortsetzung zum Südende der Insel. Durch ihre Barrierewirkung wird die vom Nordostpassat herbeigeführte Luft immer wieder aufgestaut und zum Aufstieg gezwungen. Dabei kühlt sie ab, kondensiert und bildet Nebel und Wolken.

Diese »Hinderniswirkung« der Insel ist auch im Bild nachzuvollziehen: Die vom Nordosten herankommenden, filigranen Wölkchen strömen offensichtlich bevorzugt südöstlich und nordwestlich an der Insel vorbei. Ähnliche Strömungseffekte lassen sich im Wasser feststellen. Die Meeresströmung bewegt sich, wie der Nordostpassat, von Nordosten nach Südwesten. Dadurch ist im Lee der Insel das Wasser ruhiger (dunkel), im Grenzbereich zwischen freier Strömung und Lee am Südende der Insel hingegen unruhiger (heller).

10 km

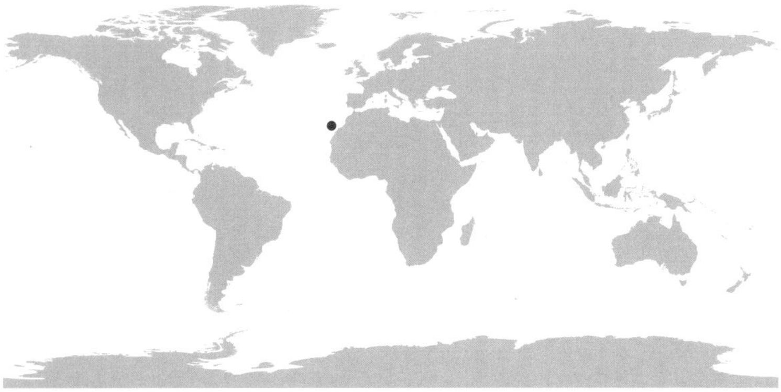

Lanzarote

Atlantischer Ozean | Spanien

Das Satellitenbild zeigt die nordöstlichen Inseln der Kanaren, Lanzarote mit Graciosa, Montaña Clara und Alegranza. Letztere ist bereits halb unter Wolken verschwunden, die der Nordostpassat herbeitreibt.

Auf keiner Kanareninsel lässt sich der Vulkanismus so leicht und umfassend studieren wie auf Lanzarote. Die Insel ist übersät mit kleinen Vulkankegeln, Lavadecken und Aschefeldern, und da es kaum natürliche Vegetation gibt, liegt der vulkanische Formenschatz offen und unverfälscht da, besonders im Westteil der Insel, im Timanfaya-Nationalpark mit seinen »Feuerbergen« (Montañas del Fuego). Die Vegetationsarmut ist eine Folge des Wassermangels. Lanzarote liegt näher an Afrika als die anderen Inseln der Kanaren, der Einfluss der trocken-heißen Sahara ist hier spürbarer. Im Gegensatz zu den westlichen Kanaren hat Lanzarote außerdem keinen großen Zentralvulkan, der einen Steigungsregen verursachen könnte. Die Regenarmut führt auch zu Problemen bei der Trinkwasserversorgung. Dessen ungeachtet befindet sich nahe der Hauptstadt Arrecife an der Südostküste der Insel ein künstlich bewässerter Golfplatz (grüne, wurmartige Strukturen). Er ist zum Zeitpunkt der Aufnahme der grünste Teil der Insel.

10 km

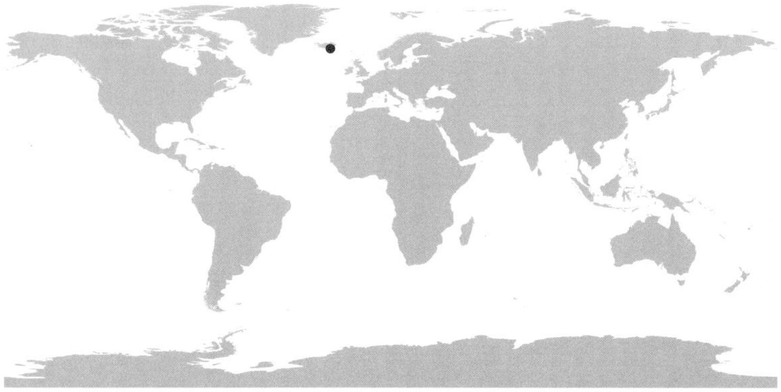

Skaftafell

Atlantischer Ozean | Island

Das Motiv zeigt einen Abschnitt der Südküste Islands mit dem Skaftafell-Nationalpark. Ausgehend von dem größten Gletscher Europas, dem Vatnajökull, stoßen hier zahlreiche Gletscherzungen bis fast auf Meeresniveaus herab. Diese Gletscherzungen sind besonders dynamisch, da einerseits die starken Niederschläge für viel »Nachschub« sorgen, andererseits die unteren Gletscherteile im Sommer stark abschmelzen.
Im linken Bildteil ist der riesige Skeiðarárjökull zu erkennen, bekannt durch seine katastrophalen Schmelzwasserausbrüche (»Gletscherlauf«). Sie werden in Abständen von mehreren Jahren durch Vulkanausbrüche unter dem Eis verursacht. Die Wassermassen spülen Unmengen an Geröll und Feinmaterial vor die Gletscher und bauen dort große Sanderflächen auf. Rechts im Bild befindet sich der Breiðamerkurjökull mit der Gletscherlagune Jökulsárlón. Die Gletscherfront liegt dem See lose auf, so brechen immer wieder Eisberge ab – der Gletscher »kalbt«. Unweit des Jökulsárlón mündet ein Gletscherfluss ins Meer, gut zu sehen an den Sedimentfahnen im Wasser. Im mittleren unteren Bildteil trohnt das vergletscherte Vulkanmassiv Öræfajökull mit dem höchsten Berg Islands, dem 2110 Meter hohen Hvannadalshnúkur.

10 km

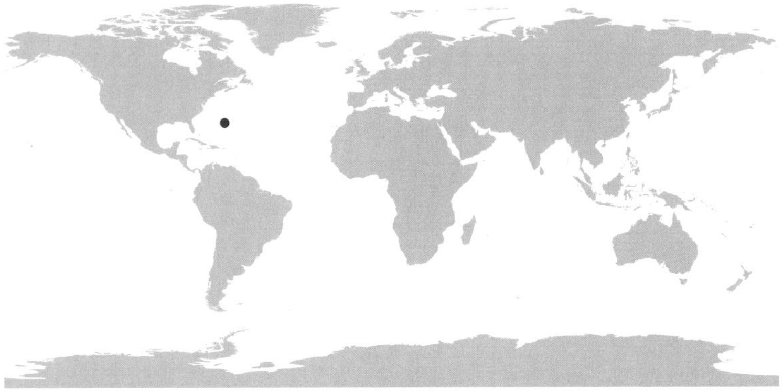

Bermuda-Inseln

Atlantischer Ozean, Sargassosee | Großbritannien

Inmitten des Westatlantiks, etwa 1000 Kilometer östlich der Küste des US-Bundesstaates North Carolina, befinden sich die Bermuda-Inseln. Die isolierte Inselgruppe verdankt ihre Existenz einem mächtigen Vulkanstumpf, der aus der Tiefsee emporragt und in einer Wassertiefe von etwa 50 Metern endet. Dem vulkanischen Sockel sitzen Korallenriffe auf, die bis unmittelbar unter die Wasseroberfläche reichen und einen ovalförmigen Riffkranz bilden. Verschiedene Wassertiefen und Riffeigenschaften verursachen die markanten Blauabstufungen im Bild. Es handelt sich um das weltweit nördlichste Vorkommen tropischer Korallenriffe, ermöglicht durch den wärmenden Golfstrom.
Die eigentlichen Bermuda-Inseln befinden sich am Südostrand des Riffs und bestehen vorwiegend aus verfestigten Sanddünen. Trotz der geografischen Isolation der hakenförmigen Inseln herrscht hier reges Leben in einem angenehmen, subtropischen Klima. Etwa im Zentrum der Hauptinsel Grand Bermuda sind die Siedlungsflächen der Hauptstadt Hamilton zu erkennen. Am Nordostende, auf Saint David's Island, sieht man die Rollfelder des internationalen Flughafens.

10 km

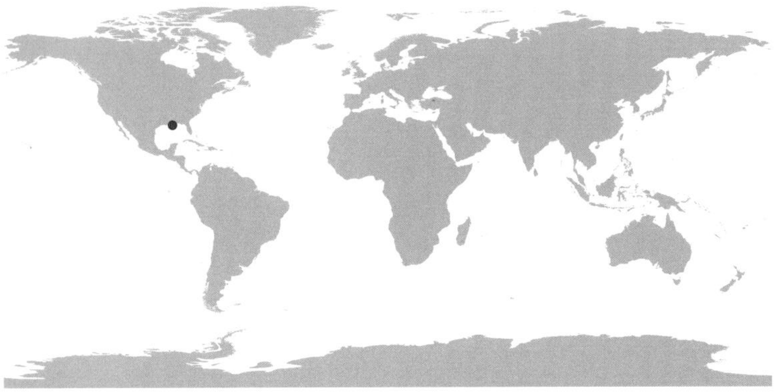

Mississippi-Delta,

Atlantischer Ozean, Golf von Mexiko | USA

Das Delta des Mississippi ist eines der größten und markantesten der Welt. Die auffällige »Vogelfußform« ist Resultat der großen Sedimentationsfracht des Flusses, des geringen Gezeitenhubs in der Bucht und der spezifischen Strömungsverhältnisse. Wie ein Förderband trägt der Fluss erodiertes Material aus dem Landesinneren an die Küste und lagert es dort ab. Die natürlichen Aufschüttungen werden durch grüne Schwemmlandvegetation nachgezeichnet. Diese Feuchtgebiete sind von enormer Wichtigkeit für die lokalen Fischbestände. Entsprechend besorgt wird der Verlust solcher Feuchtflächen beobachtet, der mit dem Anstieg des Meeresspiegels, aber auch mit dem unmittelbaren Einfluss des Menschen einhergeht: Dämme und Kanalisierungen entlang des Flusses vermindern den Sediment- und Nährstoffeintrag im Delta.
Die vielfältigen Strukturen im Wasser ergeben sich aus den eingetragenen Sedimenten und deren Verdriftung sowie aus unterschiedlichen Meerestiefen und Dünung.

10 km

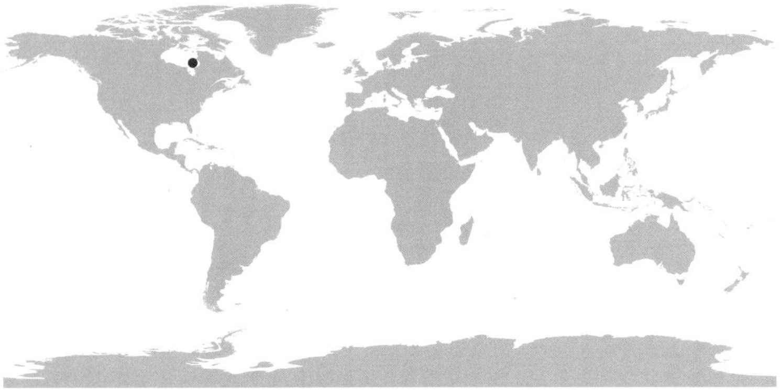

Belcher Islands

Atlantischer Ozean, Hudson Bay | Kanada

Eine merkwürdig geformte Inselgruppe findet man im südöstlichen Teil der Hudson Bay in Kanada vor. Was aussieht, als sei hier eine Tube Farbe ausgedrückt worden, ist uraltes, gefaltetes Sedimentgestein, das wie eine angeschnittene Biskuitrolle flach aus dem Wasser ragt. Vermutlich erodieren die weicheren Schichten des Gesteins stärker, sodass härtere Lagen übrig bleiben und wie Fäden aus dem Wasser ragen.

Es ist Spätherbst. Die Insel ist nun vegetationslos, bräunliche Farben dominieren. Die Hudson Bay beginnt nach dem kurzen Sommer erneut zuzufrieren. Besonders im linken Bildteil sind schon ausgedehnte Flächen mit Meereis zu erkennen. Im Winter wird die ganze Bucht mit einem Panzer aus ein bis zwei Meter dickem Packeis bedeckt sein.

20 km

Nord- und Südpolarmeer

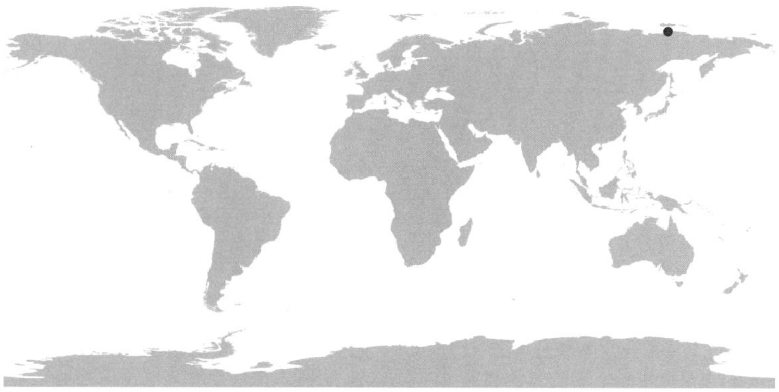

Ostrow Makar

Nordpolarmeer, Laptewsee | Russland

Eine skurrile Landschaft formiert sich in der Janabucht in Nordsibirien an der Küste der Laptewsee. Großflächige Sand- und Kiesbänke (hell), Tundrenvegetation (grün) und Wasser (blau) verschmelzen zu einem hakennasigen Eierkopf (Bildmitte).

Die auffälligen Sandbänke verdanken ihre Entstehung den Flüssen Jana und Lena, die in der Nachbarschaft münden. Sie sättigen das Wasser in der flachen Janabucht mit ihrer Sedimentfracht. In Bereichen geringerer Strömung wird das Feinmaterial abgelagert und bildet ausgedehnte Sand- und Kiesbänke. Die angrenzende Tundrenlandschaft ist von feinen Fließgewässern und zahllosen sogenannten Thermokarstseen durchsetzt. Sie entstehen im Sommer, wenn die Oberfläche des wasserundurchlässigen Permafrostbodens taut. Dadurch sackt der Boden unregelmäßig ein. In solchen Vertiefungen sammelt sich das Schmelzwasser – ein Vorgang, der hier ein weiteres Antauen und Absacken fördert. Über die Jahre bilden sich ausgeprägte Wannen und Mulden.

10 km

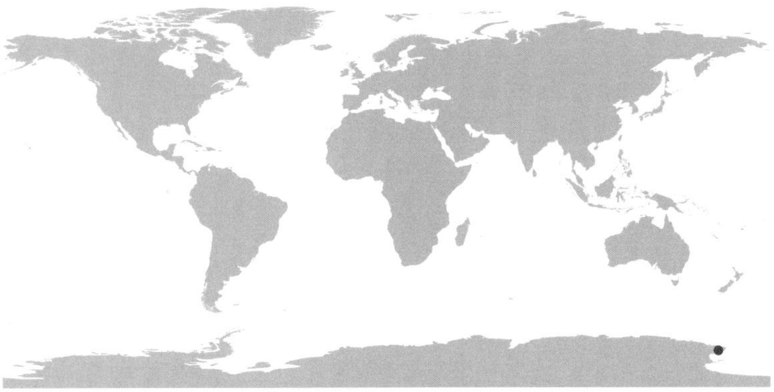

Drygalski-Gletscherzunge

Südpolarmeer, Rossmeer | Antarktis

Die Scott Coast in Victorialand, Ostantarktis – wie ein gewaltiger Pfahl ragt die Drygalski-Gletscherzunge ins Rossmeer. Der Eisstrom gehört zu den markantesten Gletschern der antarktischen Küste. Zum Zeitpunkt der Aufnahme ist das frei ins Wasser ragende Gletscherstück etwa 75 Kilometer lang und 20 Kilometer breit – und ist doch nur das kleine Endstück des David-Gletschers, der sich westlich auf dem Festland anschließt und dort ein Einzugsgebiet hat, das der Fläche der Alpen entspricht. Die Gletscherzunge weist ein auffälliges Muster von Klüften auf, die offenbar mit der Stoßrichtungsänderung in Verbindung stehen, die der Gletscher beim Übergang vom Land aufs Wasser erfährt. Der ursprünglich abwärts fließende Gletscher wird beim Aufsetzen und Aufschwimmen aufs Wasser in eine horizontale Bewegung gezwungen.
Südöstlich der Gletscherzunge schwimmen Eisschollen unterschiedlicher Größe. Sie bestehen teils aus Meereis, teils aus abgebrochenen Schelfeisstücken. Nach dieser Aufnahme kam es zu einer spektakulären Kollision zwischen einer riesigen Eisscholle und der Gletscherzunge, bei der ein großes Stück der Gletscherspitze abbrach. Östlich und nordöstlich der Gletscherzunge wird frisches Meereis, das wie ein Brei auf dem Wasser liegt, mit der Strömung verwirbelt. Auf dem Festland im linken Bildteil sind Berge und Felsformationen der Prince Albert Mountains zu erkennen.

20 km

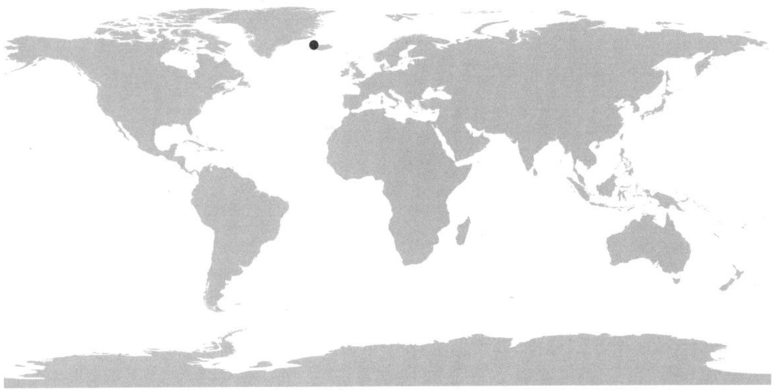

Hornstrandir

Nordpolarmeer, Dänemarkstraße | Island

Der nordwestlichste Teil von Island, eine stark zerlappte Fjordlandschaft, gehört zu den ältesten der Insel. Die Plateaubasalte sind insbesondere durch den Einfluss der Eiszeiten stark überfomt. Gletscher haben die ursprünglichen Flusstäler kastenartig ausgeweitet und zu steilen Trogtälern umgestaltet. Durch den Meeresspiegelanstieg nach der letzten Eiszeit sind diese Täler zum Teil überflutet und bilden die heutigen Fjorde. Meer und Land greifen fingerartig ineinander.

Rechts unten ist der Gletscher Drangajökull zu erkennen. Er ist ein Relikt der letzten Eiszeit und kann sich unter den heutigen Bedingungen zwar noch halten, würde aber nicht neu entstehen. Weiter nördlich setzt die markante, leicht bogenförmige Halbinsel Hornstrandir an, besonders wild zerklüftete Fjorde mit scharfen Graten und spektakulären Steilküsten. Hornstrandir ist heute wegen des rauen Klimas und der Abgeschiedenheit nicht mehr besiedelt; nur im Sommer finden Wanderer den Weg hierher.

10 km

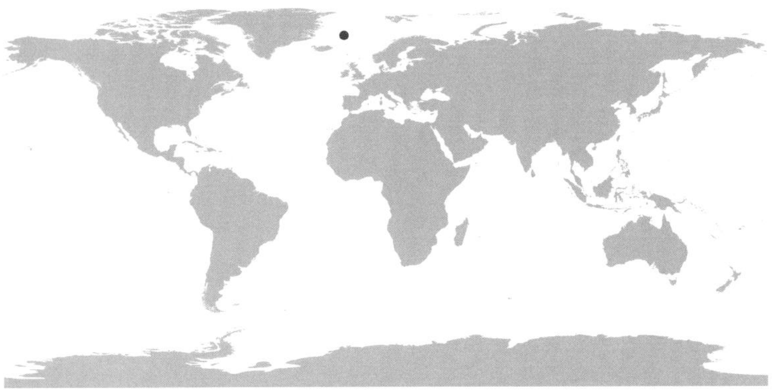

Jan Mayen

Nordpolarmeer, Grönlandsee | Norwegen

Das Bild zeigt die norwegische Vulkaninsel Jan Mayen in einer ungewöhnlichen Winteraufnahme. Das schneebedeckte Eiland (Bildmitte) wird von Nordwesten her von Meereis bedrängt, während sich von Südosten tief hängende Wolken nähern. Wie ein Schiff scheint Jan Mayen diesen beiden Elementen zu trotzen. Jan Mayen liegt isoliert inmitten der Grönlandsee zwischen Island und Spitzbergen. Seine Landschaft wird von dem 2277 Meter hohen Beerenberg beherrscht, dem nördlichsten obermeerischen Vulkan der Welt. Sein letzter Ausbruch ereignete sich 1985. Der Stratovulkan ist an seinen Flanken vergletschert. Der Rest der Insel ist im kurzen Sommer schnee- und eisfrei und von spärlicher Tundrenvegetation bedeckt. Es herrscht ein raues, arktisches Klima mit häufigen Stürmen. Etwas südlich des schmalsten Inselteils hat eine meteorologische Station ihren Platz, in der gegenwärtig 18 Menschen arbeiten und leben.

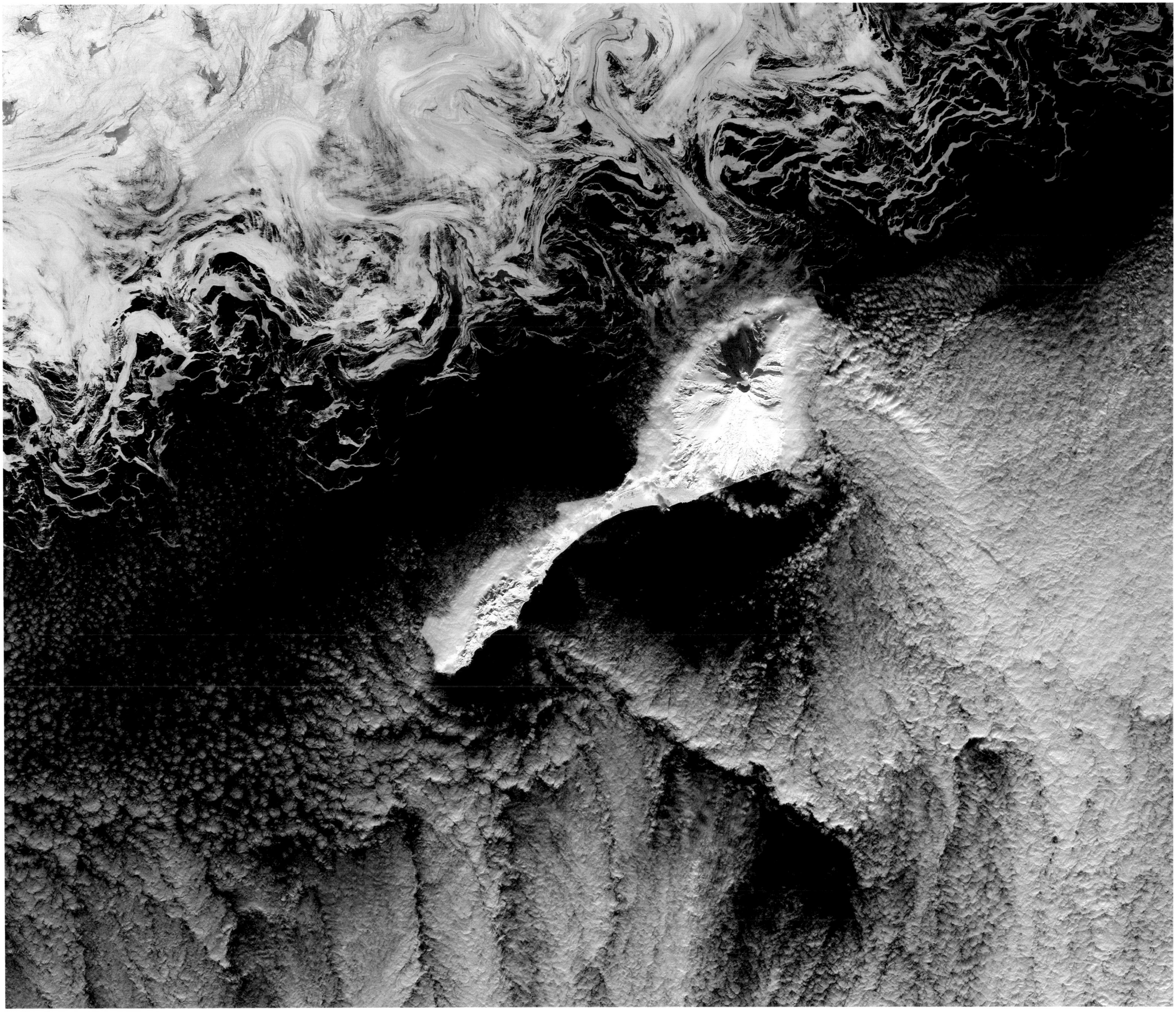

10 km

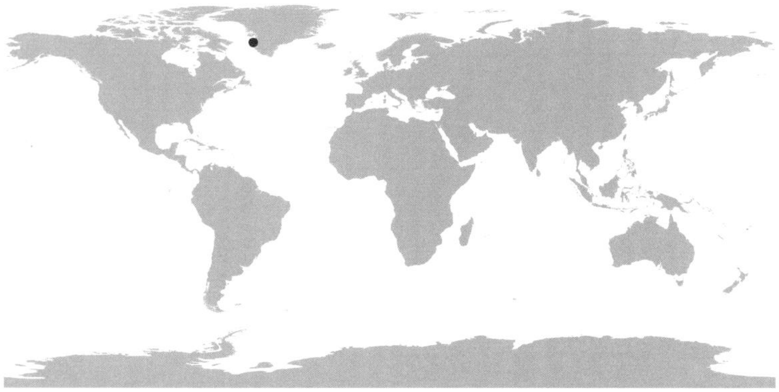

Davis-Straße

Nordpolarmeer, Baffin-Bucht | Grönland

Die Satellitenaufnahme zeigt einen Teil der Westküste Grönlands im Winter. Rechts erkennt man einen Ausschnitt der grönländischen Fjord- und Schärenküste südlich der Disko-Bucht. Die Landflächen sind vollständig schneebedeckt. Durch den niedrigen Sonnenstand erscheinen Berge und Talzüge besonders plastisch. Die schmalen Buchten und Fjorde zwischen den Landzungen und Inseln sind größtenteils vereist.
Der linke und mittlere Bildteil wird von der Davis-Straße eingenommen, die Meerenge zwischen der kanadischen Baffin-Insel und Grönland. Sie verbindet gleichzeitig die Labradorsee im Süden mit der Baffin-Bucht im Norden. Jeden Winter bilden sich in der Baffin-Bucht große Mengen Meereis, das zum Teil mit dem Labradorstrom nach Süden verdriftet. Meereis besteht nicht etwa aus abgebrochenen Gletscher- oder Schelfeisstücken, sondern aus gefrorenem Meerwasser. Das gefrierende Wasser bildet zunächst einen zähen Eisbrei, der sich zu Eisklumpen und -schollen weiterentwickeln kann. Im Bild nimmt die Größe der Eisschollen von Ost nach West deutlich zu.

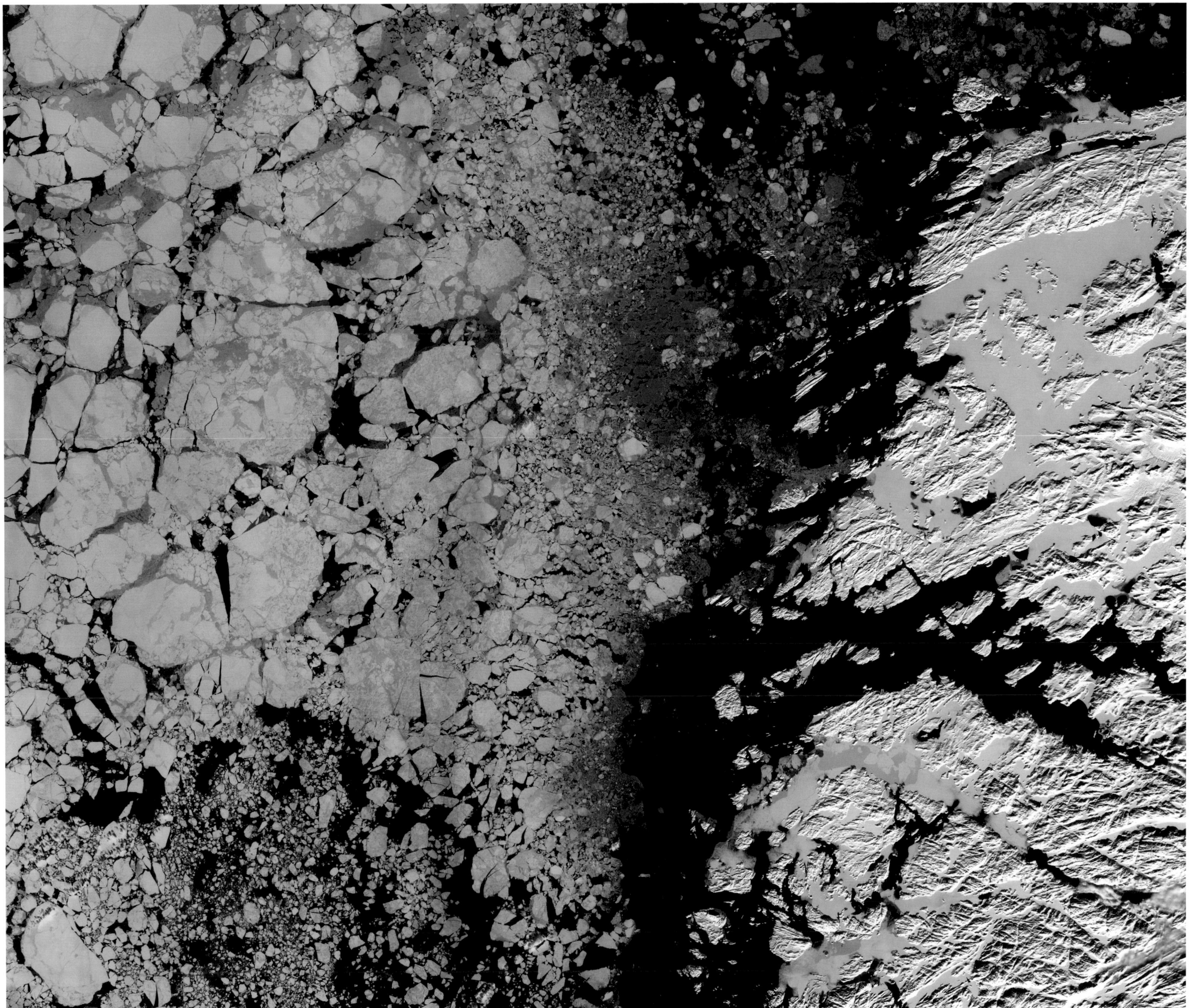

10 km

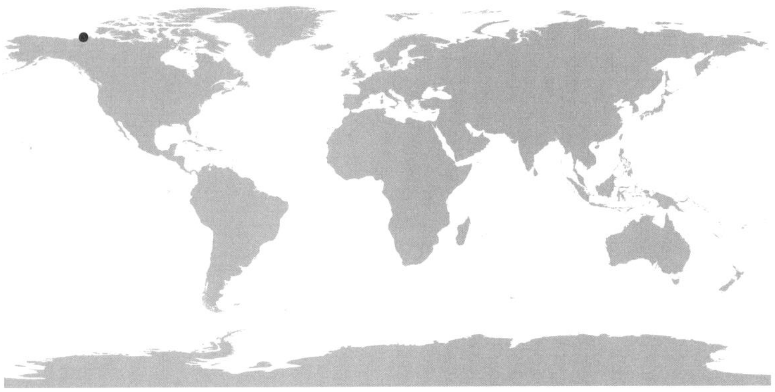

Mackenzie-Delta

Nordpolarmeer, Beaufortsee | Kanada

In Nordwestkanada nahe der Grenze zu Alaska fächert sich der Mackenzie, der größte Fluss Kanadas, zu einem etwa 80 Kilometer breiten Delta auf (linker Bildteil) und mündet in die Beaufortsee, einen Teil des Nordpolarmeers. Das sedimentbefrachtete Flusswasser sorgt für unterschiedlich gefärbte Wasserwirbel im gesamten Mündungsbereich.
Der mittlere und rechte Bildteil zeigen eine typische Tundra mit zahllosen kleinen Seen. Diese bilden sich durch oberflächliches Tauen des Permafrostbodens während des kurzen Sommers. Eine Besonderheit ist, dass das Meer während des Meeresspiegelanstiegs nach der letzten Eiszeit in die Tundra eingedrungen ist, die Landschaft also teilweise untergegangen ist. Der Küstenverlauf wird daher von den feinen Oberflächenformen bestimmt. Hierdurch erklären sich die »ausgefranste« Küste oben rechts und auch die merkwürdig geformten (Halb-) Inseln der Liverpool Bay (oben rechts) und der Eskimo Lakes (Bildmitte). Bucht und Seen stehen in Verbindung und bilden einen filigranen, fast bis zum Delta reichenden Meeresarm.

25 km

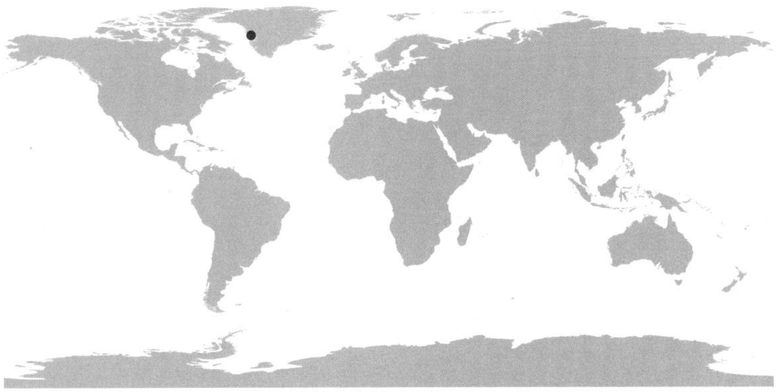

Disko-Bucht

Nordpolarmeer, Baffin-Bucht | Grönland

Die zentrale Westküste Grönlands mit der Disko-Insel (Mitte), der Halbinsel Nuussuaq (oben) und der Disko-Bucht (südöstlich der Disko-Insel). Im rechten Bildteil ist der mächtige Grönländische Eisschild zu erkennen, der etwa 80 Prozent der Fläche des Landes bedeckt. Von hier aus ergießen sich zahllose Gletscherzungen zur Küste; sie haben dort eine stark zerklüftete Fjordlandschaft geschaffen. In die Disko-Bucht mündet der hochaktive Gletscher Sermeq Kujalleq. Er füllt den berühmten Ilulissat-Eisfjord aus. Auf etwa 40 Kilometer Länge und sieben Kilometer Breite schiebt sich der mächtige Eisstrom täglich mehr als 20 Meter ins Meer und gibt an seiner Spitze nahe der Stadt Ilulissat gewaltige Eisberge frei. Die größten von ihnen bleiben an untermeerischen Endmoränenwällen hängen, sodass sich oft zahlreiche Eisberge aufstauen, ehe sie schließlich zerbrechen und weiter in die Disko-Bucht getrieben werden – ein atemberaubendes Naturschauspiel.

40 km

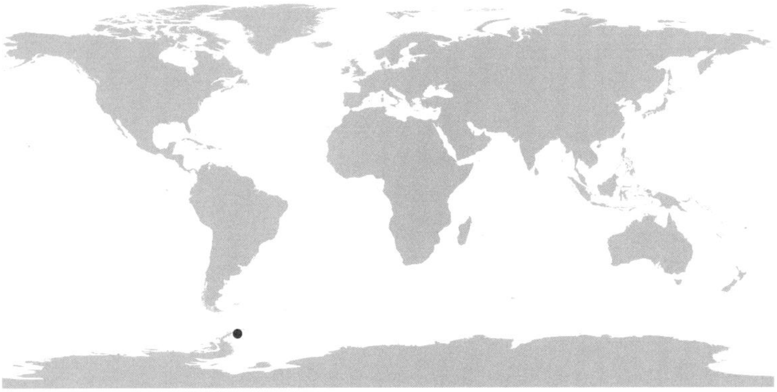

Robertson Island

Südpolarmeer, Weddellmeer | Antarktis

In diesem Bild des Nordteils der Antarktischen Halbinsel, auch Grahamland genannt, ist das Gebirge der Halbinsel lediglich in der oberen linken Ecke sichtbar. Den linken Bildteil nehmen gewaltige Schelfeismassen ein, die mit der Halbinsel verbunden sind. Auf dem Meer treiben zahllose Eisberge und Eisschollen, die teils vom Schelfeis abgebrochen sind, teils aus Meereis bestehen.
Das Schelfeis bildet in der oberen Bildmitte einen zungenartigen Sporn und endet an der eisbedeckten Robertson-Insel. Westlich der oval geformten Insel findet sich eine Gruppe weiterer kleiner Inseln, die fast alle vom Schelfeis eingeschlossen sind und durch eine schwarze Färbung auffallen, die Seal Nunataks. Bei ihnen handelt es sich um kleine Vulkanschlote, die vermutlich Teile eines größeren Vulkans sind. Die vulkanische Aktivität belegen die dunklen Ascheablagerungen auf dem Schelfeis.

10 km

Pazifischer Ozean

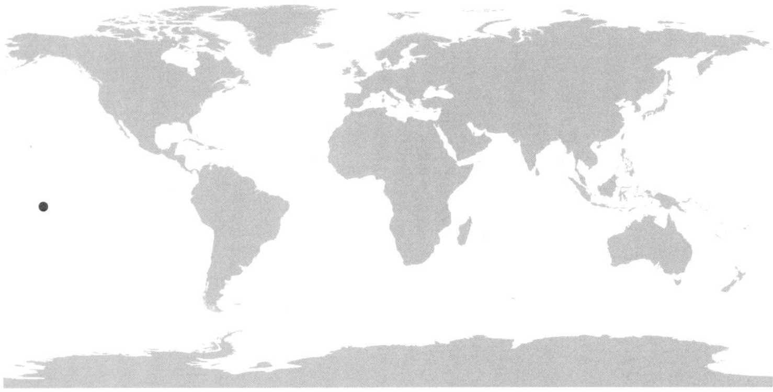

Weihnachtsinsel

Pazifischer Ozean | Kiribati

Wie eine überdimensionale Amöbe scheint die Weihnachtsinsel (Kiritimati) inmitten des Pazifischen Ozeans zu schweben. Der verdickte westliche Inselteil umklammert eine nach Nordwesten geöffnete Lagune, die zur Inselmitte hin verschiedene Stadien der Verlandung aufweist. Die Tatsache, dass die Lagune verlandet und außerdem der Riffgürtel mehrere Meter aus dem Wasser ragt, zeigt, dass sich das Atoll hebt. Dies ist keine Folge des natürlichen Riffwachstums, sondern von tektonischen oder vulkanischen Prozessen. Es ist anzunehmen, dass die Lagune trockenfallen wird.

Kiritimati wurde an Heiligabend 1777 von James Cook entdeckt, der dort mit seiner Mannschaft die Weihnachtstage verbrachte und die Insel deshalb Christmas Island taufte. Die Weihnachtsinsel gehört politisch zum Inselstaat Kiribati, landschaftlich zu den Line Islands, den Zentralpolynesischen Sporaden. Die hier zu sehende Weihnachtsinsel ist übrigens nicht zu verwechseln mit der gleichnamigen Insel im Indischen Ozean nordwestlich von Australien.

10 km

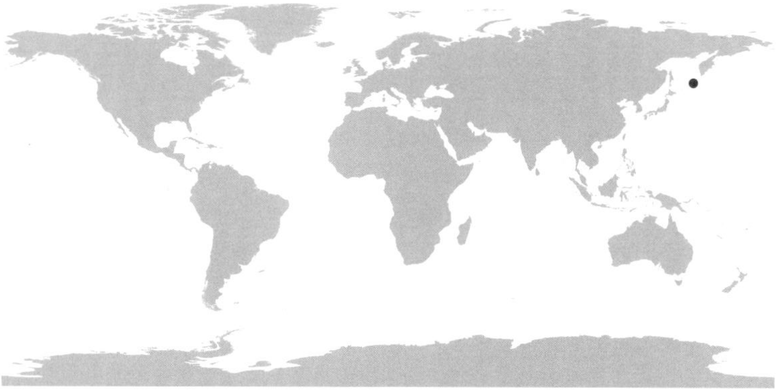

Kurilen

Pazifischer Ozean, Ochotskisches Meer | Russland

Wie Wassermassen scheint eine Wolkendecke von Nordwesten her die Kurilen, eine Inselkette in Ostasien zwischen Kamtschatka und Japan, zu überfluten. Die hoch reichenden Vulkanmassive behindern jedoch die Strömung und erzeugen komplexe Verwirbelungen. So hat sich zum Beispiel im Lee der kleinsten Insel im Bild, Tschirinkotan (links), eine eindrucksvolle Wirbelstraße gebildet. Die Wolken finden schließlich ihren Weg zwischen den Inseln hindurch in den Pazifik, während sich im Lee der größeren Inseln wolkenfreie Zonen halten.
Die Kurilen gehören zum Pazifischen Feuerring und können als ostasiatisches Pendant zu den nordamerikanischen Aleuten (Seite 96) angesehen werden. Sie sind größtenteils unbewohnt und bestehen durchweg aus jungen, immer wieder aktiven Vulkanen. Das Klima ist kühl, windig und von häufigem Nebel und Regen geprägt. Im Gegenzug bieten die Kurilen unberührte Landschaften von seltener Schönheit. Die nördlichste Insel im Bild, Onekotan, birgt beispielsweise eine riesige, wassergefüllte Caldera, aus der sich ein jüngerer Vulkan erhebt.

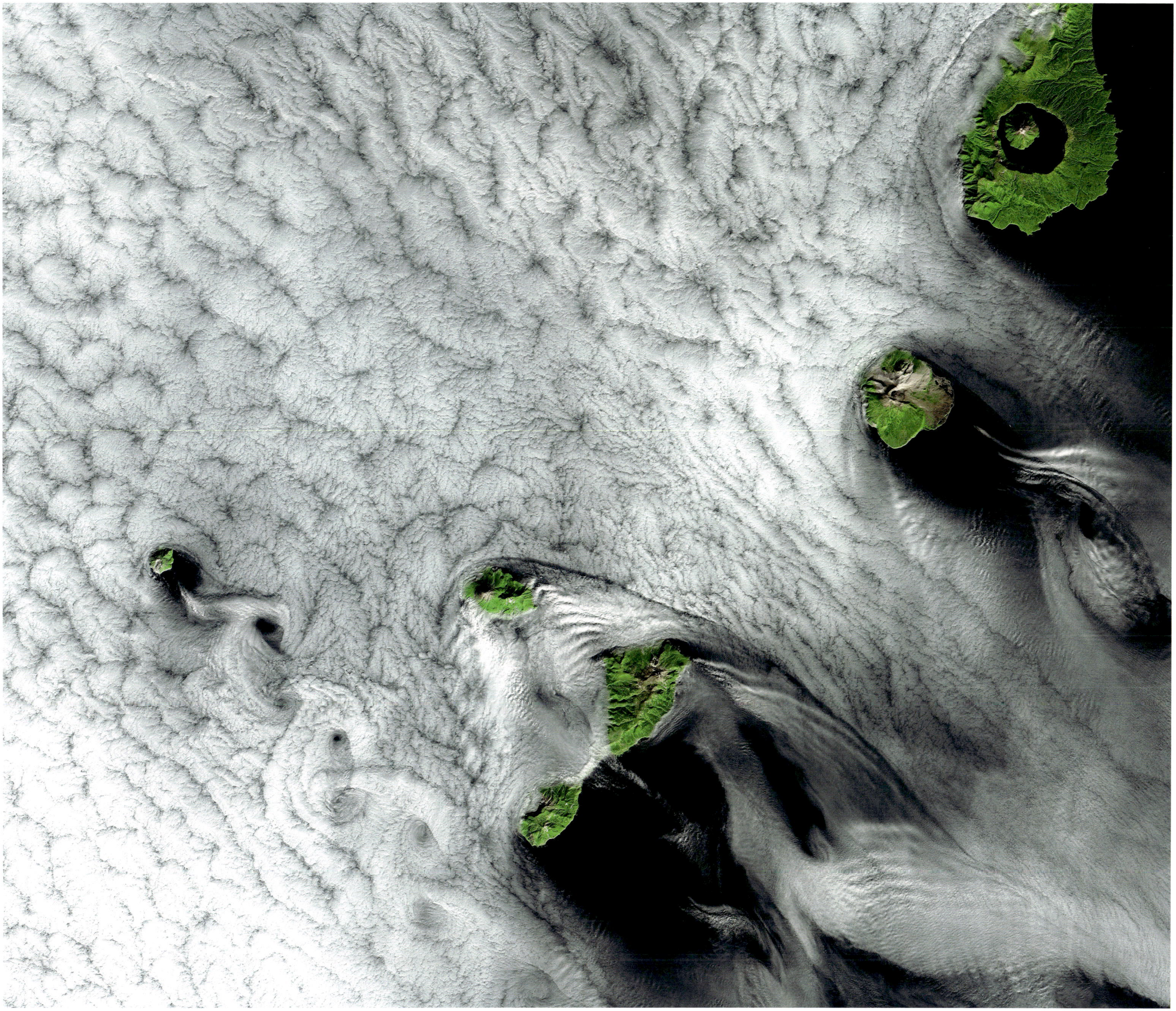

10 km

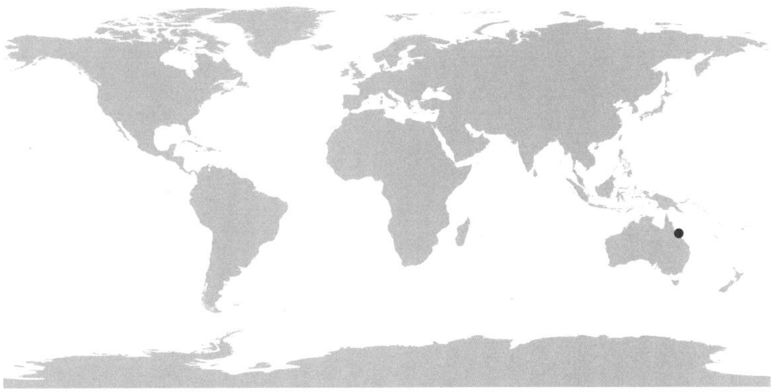

Airlie Beach

Pazifischer Ozean, Korallensee | Australien

In diesem Ausschnitt der Westküste Australiens ist links unten ein Teil des Festlandes zu erkennen. In der Ebene wird Zuckerrohr angebaut, während im Hügelland Regenwald vorherrscht. An der nordwärts gewandten Küste ist das Touristenzentrum Airlie Beach gelegen. Dem Festland vorgelagert sind die Whitsunday Islands, eine Gruppe hügeliger und waldreicher Inseln, die zum Nationalpark erklärt wurden. Ihre Gewässer sind beliebtes Segelrevier. Etwa 50 Kilometer nordöstlich der Whitsunday Islands beginnt das Great Barrier Reef, das größte Korallenriff der Erde. Im Bild ist nur ein kleiner Teil der Central Section zu sehen. Die verschiedenen Blaufärbungen der Riffe resultieren aus unterschiedlichen Wassertiefen und Riffbeschaffenheiten. Bei den wolkigen Strukturen in der Umgebung der Riffe und des Festlandes handelt es sich vermutlich um Schwebstoffe im Wasser, die durch Gezeiten und Meeresströmungen verwirbelt werden.

10 km

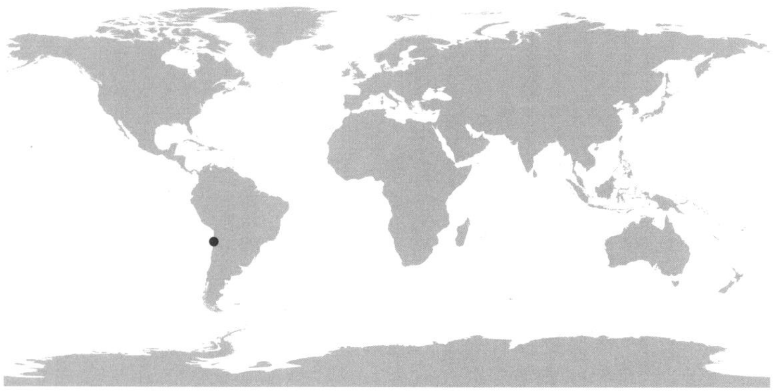

Atacama-Wüste

Pazifischer Ozean | Chile

Die Atacama-Wüste ist das südamerikanische Pendant zu Afrikas Namib-Wüste. Hier ist es der kalte, nordwärts ziehende Humboldtstrom, der die Bildung von Regenwolken verhindert, zugleich aber häufige Küstennebel bringt, wie auch zum Zeitpunkt dieser Aufnahme. Durch die abschirmende Wirkung der Anden kommen in der Atacama-Wüste auch keine Regenwolken aus dem Osten an. Über viele Jahre fällt hier kein einziger Tropfen Regen.
Im Gegensatz zur Namib ist die Atacama keine Sandwüste; sie besteht vorwiegend aus Fels und Geröll. Weite Teile bilden eine Hochebene mit einem Höhenniveau um 1000 Meter. Im Bildausschnitt ist dieses Plateau nur vom S-förmigen Verlauf des Río Loa unterbrochen (oberer Bildrand). Zur Küste hin bricht das Plateau steil ab und lässt nur für einen schmalen Küstensaum Platz. An der Halbinsel im unteren Bildteil ist dieser Küstenstreifen verbreitert. Zum Landesinnern hin steigt das Land weiter an und erreicht am rechten Bildrand bereits Höhen zwischen 2000 und 3000 Metern. Hier, nördlich des Río Loa, befindet sich der größe Kupfertagebau der Welt.

25 km

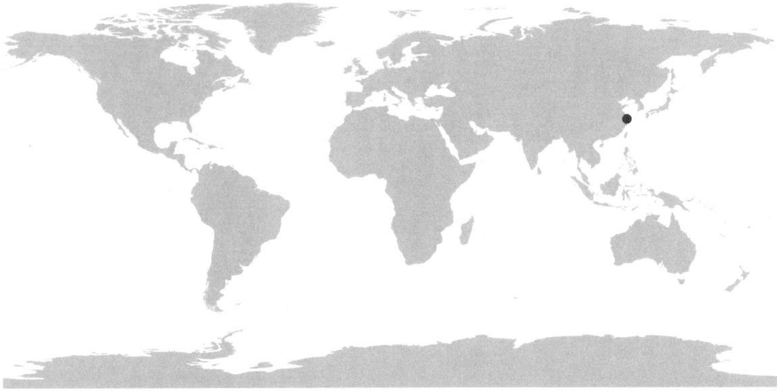

Jangtse-Delta

Pazifischer Ozean, Ostchinesisches Meer | China

Die Mündung des Jangtse im Osten Chinas. Hier entlässt der längste Fluss Asiens seine Sedimentfracht ins Ostchinesische Meer. Das schlammige Flusswasser (beige) wird im Meer verdünnt, sinkt ab und wird mit der Strömung verteilt. Hierdurch ergeben sich verschieden Farbnuancen in Cyan. Die Erosion infolge der Entwaldung der Berghänge am Jangtse-Mittellauf trägt zu der enormen Sedimentfracht von etwa zwei Milliarden Tonnen im Jahr bei. Die riesige Insel Chongming (Bildmitte, grün), die heute den Jangtse in zwei Arme spaltet, verdankt ihre Aufschüttung der Abtragung im Landesinneren. Die Insel ist ein wichtiges Landwirtschaftsgebiet. Südlich der Mündung liegt Schanghai. Die Metropole mit ihren zehn Millionen Einwohnern ist die bedeutendste Industriestadt Chinas. Überbevölkerung und Umweltverschmutzung stellen die Region vor massive Probleme – wie die extreme Verschmutzung des Jangtse: Er wird jährlich durch mehr als 30 Milliarden Tonnen Abwässer aus Industrie, Landwirtschaft und Haushalten belastet.

20 km

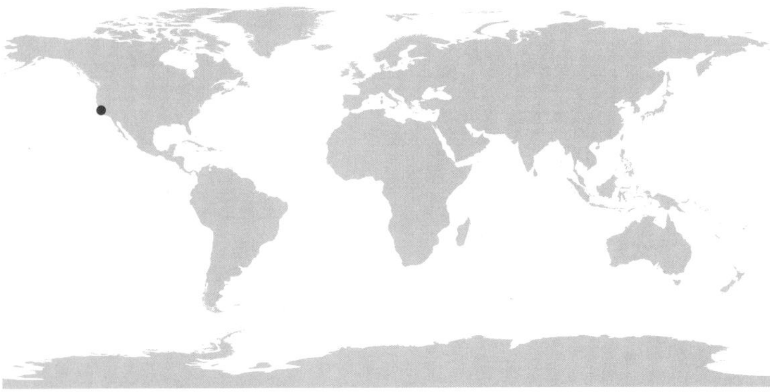

San Francisco

Pazifischer Ozean | USA

Die San Francisco Bay Area an der Westküste des US-Bundesstaats Kalifornien. In der Bildmitte findet sich San Francisco, das historische und kulturelle Zentrum der Region. Die Stadt bildet den Kopf der San-Francisco-Halbinsel und wird im Westen vom Pazifik, im Norden vom berühmten Golden Gate (mit der Golden Gate Bridge und der Insel Alcatraz) und im Osten von der San Francisco Bay begrenzt. Die Bucht ist ein großer Naturhafen und fast vollständig von Städten umgeben, darunter auch San José (im Süden) und Oakland (gegenüber von San Francisco). Trotz der dichten Besiedelung ist die San Francisco Bay auch wichtiger Naturraum mit ökologisch bedeutsamen Salzwiesen und Wattflächen. Der starke Gezeitenstrom zeigt sich im Bild in Form von Schwebstofffahnen in der Bucht.

Der linke Bildteil ist vom nebelverhangenen Pazifischen Ozean eingenommen. Nebel ist typisch für diesen Küstenabschnitt. Er bildet sich, wenn mit den Westwinden feucht-warme Luftmassen über den küstennahen kalten Kalifornienstrom ziehen.

10 km

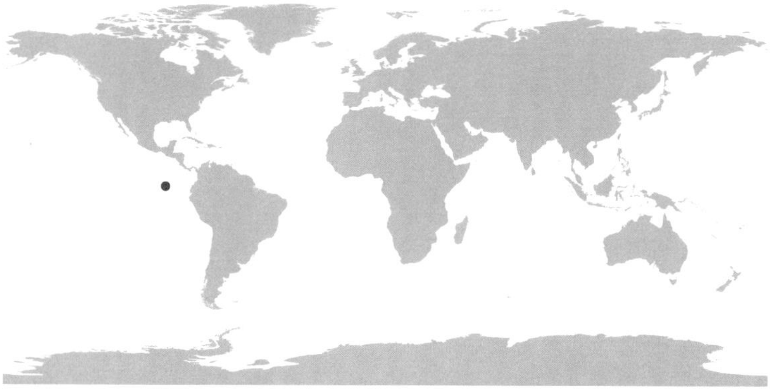

Galapagos-Inseln

Pazifischer Ozean | Ecuador

Der Ausschnitt zeigt den westlichen Teil der Galapagos-Inseln, etwa 1000 Kilometer westlich vom ecuadorianischen Festland. Der Archipel setzt sich aus 14 größeren und zahlreichen kleineren Inseln zusammen. Sie sind vulkanischen Ursprungs und verdanken ihre Entstehung einem »Hot Spot«, einer Wärmeanomalie im Erdmantel, in Verbindung mit plattentektonischen Vorgängen. Links im Bild befinden sich die jüngsten Inseln, Isabela und Fernandina. Die Schildvulkane mit ihren auffälligen Calderen sind größtenteils noch aktiv. Nach Osten schließen sich ältere, vulkanisch inaktive Inseln an.
Die Galapagos liegen im Einflussbereich des Südostpassats. Durch die hohen Vulkane steigen die Luftmassen auf und bilden lokale Wolkenverwirbelungen. Die leuchtend grüne Vegetation zeichnet das Luv nach, in dem es bevorzugt zu Niederschlägen kommt. Auch die Meeresströmung wird von den Inseln moduliert – im Lee der Inseln sind ruhigere (dunklere) und aufgewühltere (hellere) Zonen sichtbar.

20 km

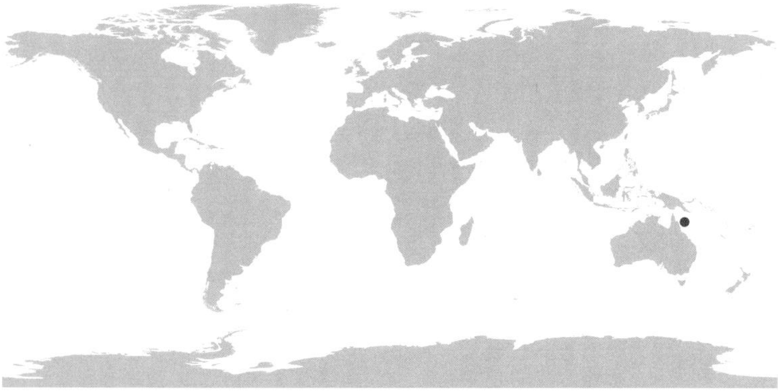

Great Barrier Reef

Pazifischer Ozean, Korallensee | Australien

Das größte Korallenriff und die weitaus größte von Organismen geschaffene Struktur der Erde. Es gehört zu den sieben Weltwundern der Natur sowie zum UNESCO-Weltnaturerbe. Auf einer Gesamtlänge von über 2000 Kilometern bildet der Riffgürtel ein küstenparalleles Labyrinth aus zahllosen Einzelriffen, Sandbänken, kleinen Inseln und Passagen (siehe auch Motiv »Airlie Beach«, Seite 82). Das Great Barrier Reef beginnt in der Torres-Straße zwischen Cape York und Papua-Neuguinea, verläuft dann entlang der gesamten Cape York Halbinsel und endet schließlich in der Höhe der Bucht Broad Sound (einer schwebstoffbeladenen Bucht am unteren Bildrand). Südlich des Bildausschnittes befindet sich noch ein kleiner Vorposten des Riffs.
Das Bildmotiv ist Teil eines sehr aufwendigen Gesamtmosaiks von Australien, das sich aus 46 Einzelaufnahmen des Multispectralscanners MODIS zusammensetzt. Ähnlich wie beim Motiv »Skandinavische Halbinsel« (Seite 24), sind auch hier die küstenfernen Meeresbereiche durch Informationen über die Meerestiefen belebt (je dunkler, je tiefer). Küstennahe Wasserstrukturen und Riffbereiche stammen hingegen aus den Bilddaten.

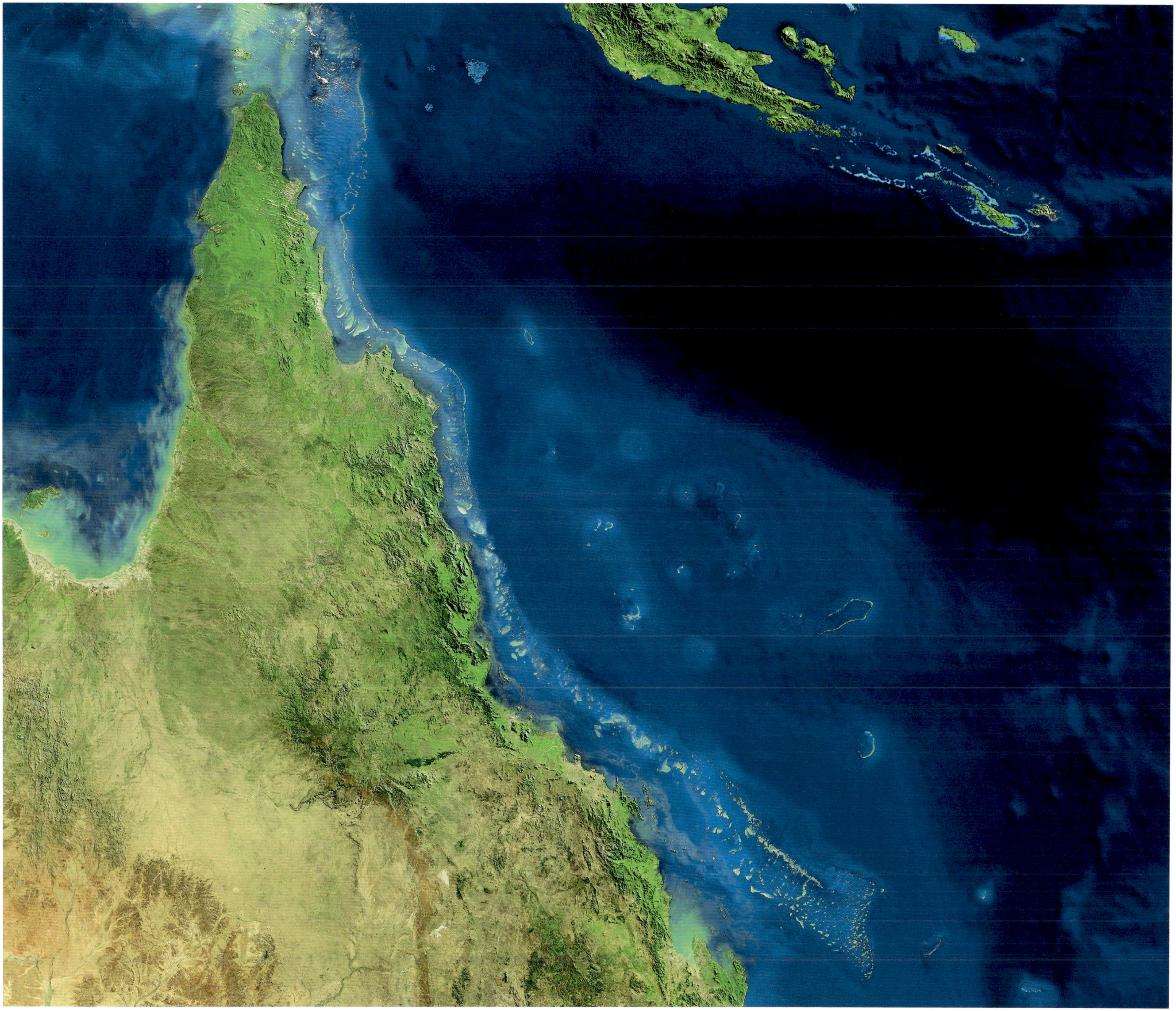
200 km

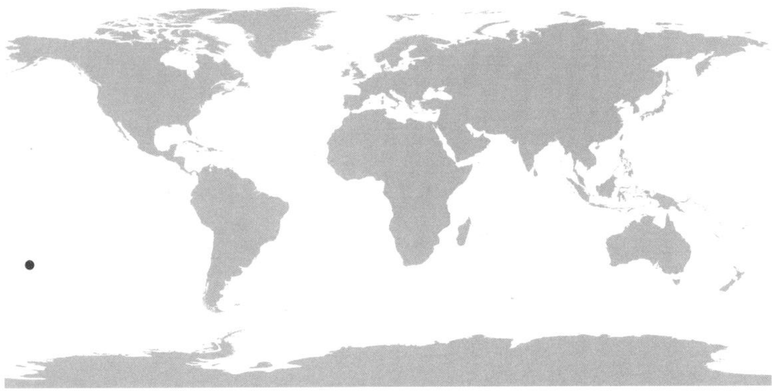

Tahiti

Pazifischer Ozean | Französisch-Polynesien

Mitten im Südpazifik, zwischen Australien und Südamerika gelegen, liegt Französisch-Polynesien, ein französisches Überseegebiet, zu dem unter anderem auch die Gesellschaftsinseln gehören. Dieser Ausschnitt der Gesellschaftsinseln zeigt die Doppelinsel Tahiti, die kleinere Schwester Moorea (17 Kilometer westlich von Tahiti) und am oberen Bildrand das Atoll Tetiaroa (etwa 40 Kilometer nördlich). Tahiti und Moorea bestehen aus erloschenen Vulkanen, die durch Erosion bereits stark verändert sind: Tiefe Täler und scharfe Grate zerschneiden die Regenwaldlandschaft. Höchste Erhebung ist mit 2241 Metern der Orohena auf dem größeren Inselteil von Tahiti. Siedlungen und landwirtschaftliche Nutzflächen haben lediglich auf dem schmalen Küstensaum Platz. Am Nordwestufer von Tahiti ist Papeete zu erkennen, die Hauptstadt Französisch-Polynesiens.
Tahiti und Moorea sind von einem Saumriff umgeben, deutlich erkennbar an den hellblauen Untiefen. Während die Inseln kontinuierlich absinken, wachsen die Korallenriffe weiter und werden in ferner Zukunft wie Tetiaroa ein Atoll mit eingeschlossener Lagune bilden.

10 km

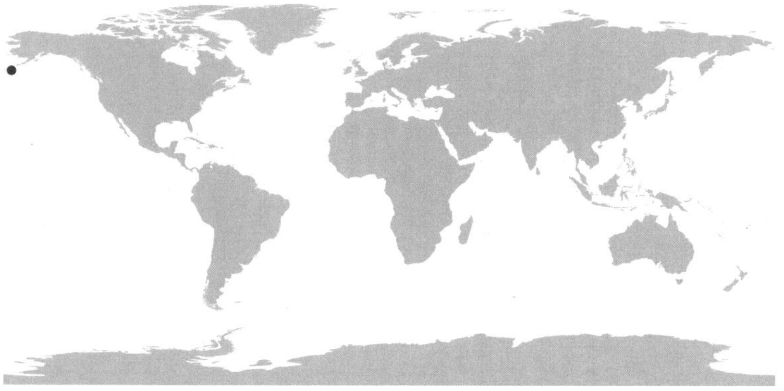

Yunaska Island

Pazifischer Ozean, Beringmeer | Alaska

Die Aleuten, die Kette von Inseln zwischen Alaska und Kamtschatka, sind berüchtigt für ihre häufigen Regen- und Nebeltage. Es ist deshalb ein Glücksfall, mit einem Erdbeobachtungssatelliten, der stur seine Bahnen zieht und ein Gebiet nur alle zwei Wochen erfasst, eine wolkenfreie Ansicht zu erhaschen. Zu sehen sind die unbewohnten Vulkaninseln Amukta, Chagulak und Yunaska (von West nach Ost). Auf Yunaska, der größten der drei Inseln, erkennt man rechts einen Schildvulkan mit Caldera sowie den Lavastrom eines Ausbruchs im Jahr 1937. Im linken Inselteil befindet sich ein weiterer Vulkan mit mehreren Nebenkratern. Amukta und Chagulak bestehen jeweils aus einem einzelnen Stratovulkan. Der Vulkan auf Amukta war zuletzt in den 1990er Jahren aktiv.

10 km

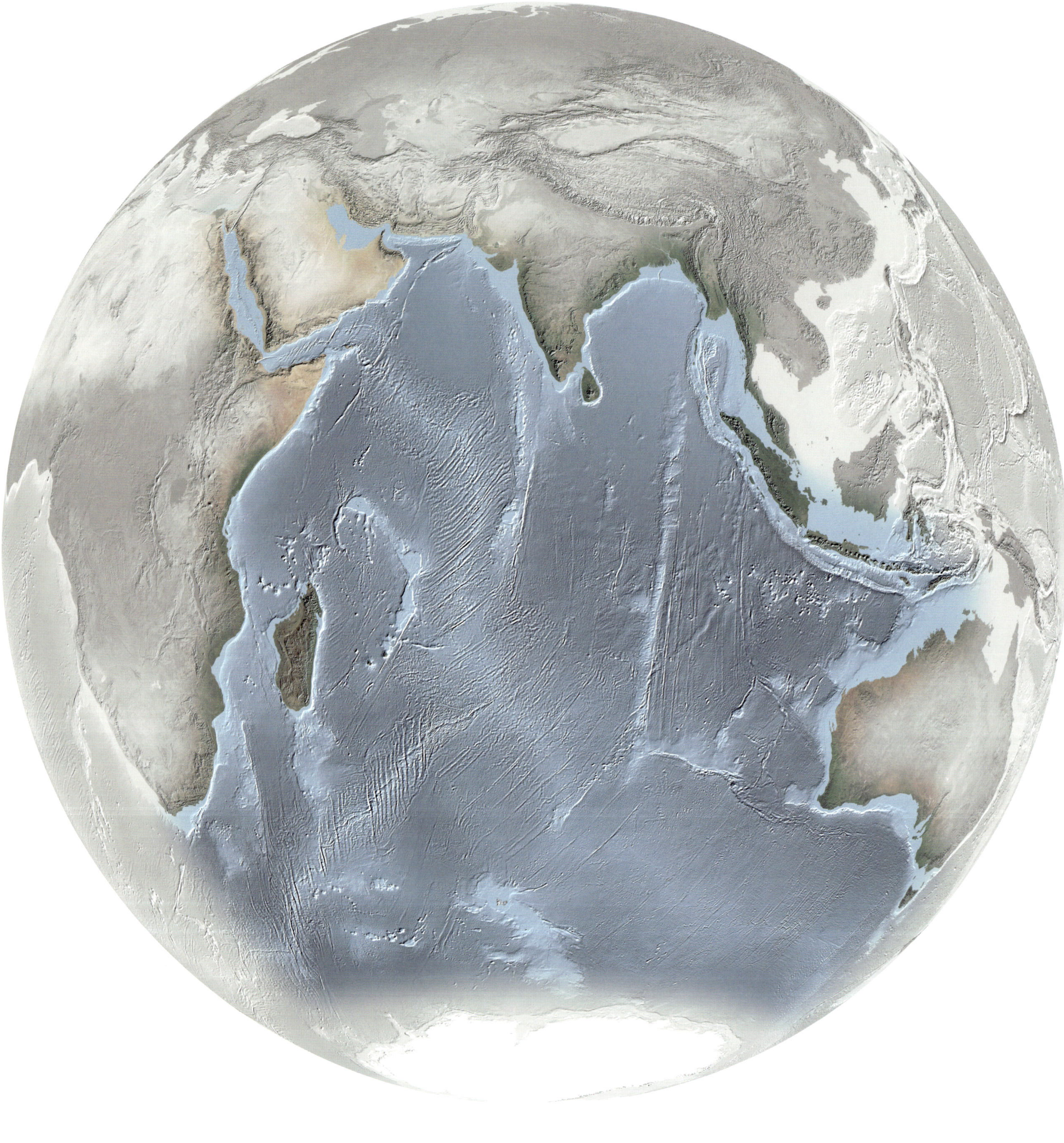

Indischer Ozean

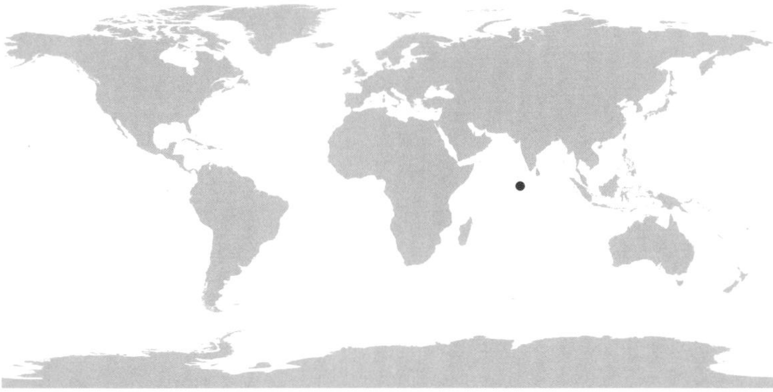

Malediven

Indischer Ozean | Republik Malediven

Der Himmel über den Malediven ist fast immer blau, aber selten wirklich wolkenfrei. So auch in dieser Aufnahme. Das Motiv zeigt einen zentralen Abschnitt der Malediven im Indischen Ozean. Wie Perlenketten reihen sich zahllose kleine Inseln und Untiefen zu großen Atollen auf. Sechs der insgesamt 26 Atolle des Inselstaates sind hier zu sehen: Felidu und Mulaku (mittlerer Bildteil) sowie Ari, North Nilandu, South Nilandu und Kolumadulu (linker Bildteil).
Nur ein kleiner Teil der aus Korallenriffen aufgebauten Inseln ist bewohnt. Viele der Einheimischen leben in der Hauptstadt Malé auf der gleichnamigen Insel des (ebenfalls) gleichnamigen Atolls nördlich des Bildausschnittes. Da die meisten Inseln der Malediven nur ein bis zwei Meter aus dem Wasser ragen, ist der Inselstaat von Klimawandel und Meeresspiegelanstieg stark bedroht.

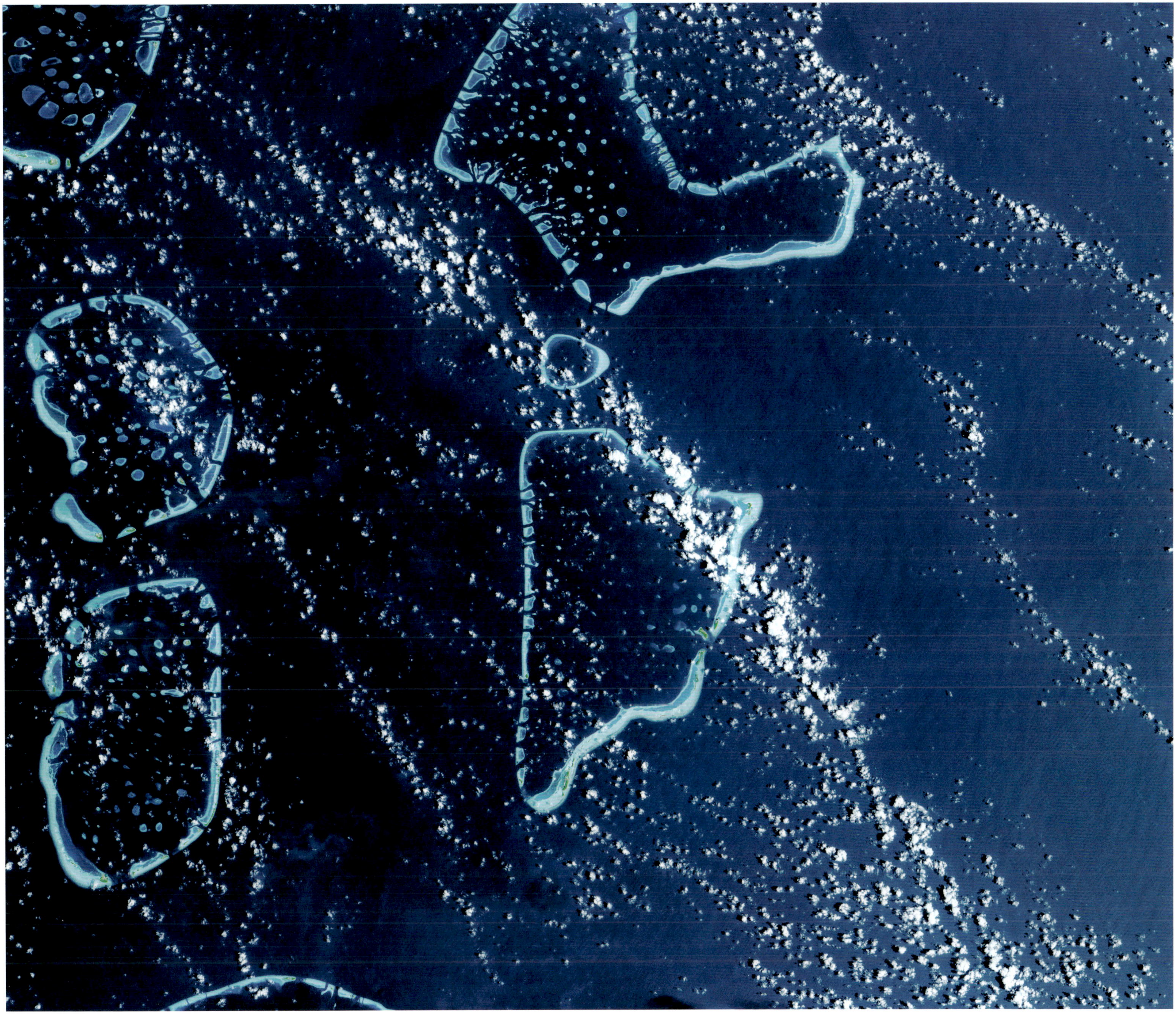
15 km

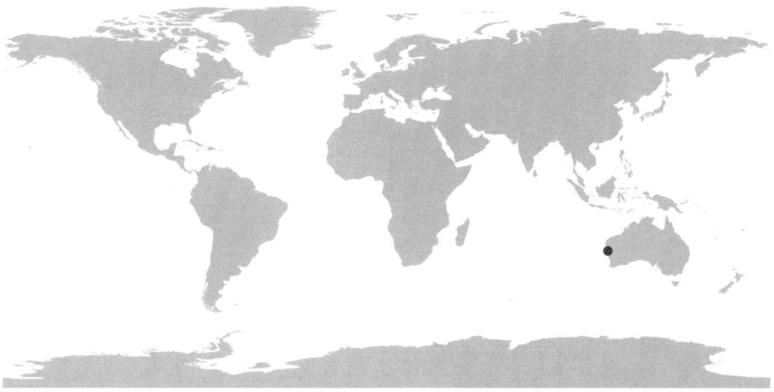

Shark Bay

Indischer Ozean | Australien

Eine besonders markante Meeresbucht am Westende Australiens ist die Shark Bay. Die Bucht wird von zwei Halbinseln und einer langgestreckten Insel aufgeteilt, die ihrerseits stark zergliedert sind. Hierdurch ergibt sich eine Küstenlinie von mehr als 1500 Kilometern Länge. Peron Peninsula in der Bildmitte zeichnet sich durch rote Sanddünen mit kleinen Salztonpfannen, den Birridas, aus. Die westlich gelegene Halbinsel Edel Land und deren nördliche Fortsetzung (Dirk Hartog Island) bestehen vorwiegend aus Kalkstein mit dazwischen liegenden weißen Sanddünen. Zum Indischen Ozean hin bricht das Plateau abrupt ab und bildet die bis zu 200 Meter hohen Zuytdorp Cliffs.
Das Wasser der Shark Bay ist seicht und wird durch zahlreiche Sandbänke unterbrochen. Auf ihnen finden sich die größten bekannten Seegraswiesen der Erde. Die Untiefen führen zu einer teilweisen Abriegelung des Hamelin Pool, des südöstlichsten Teils der Bucht. Dadurch kommt es zu einer erhöhten Salzkonzentration – eine Voraussetzung für das Vorkommen von Stromatolithen. Sie sind die älteste bekannte Lebensform der Erde und nur noch an wenigen Stellen zu finden. Wegen ihrer zoologischen Bedeutung gehört die Shark Bay zum UNESCO-Welterbe.

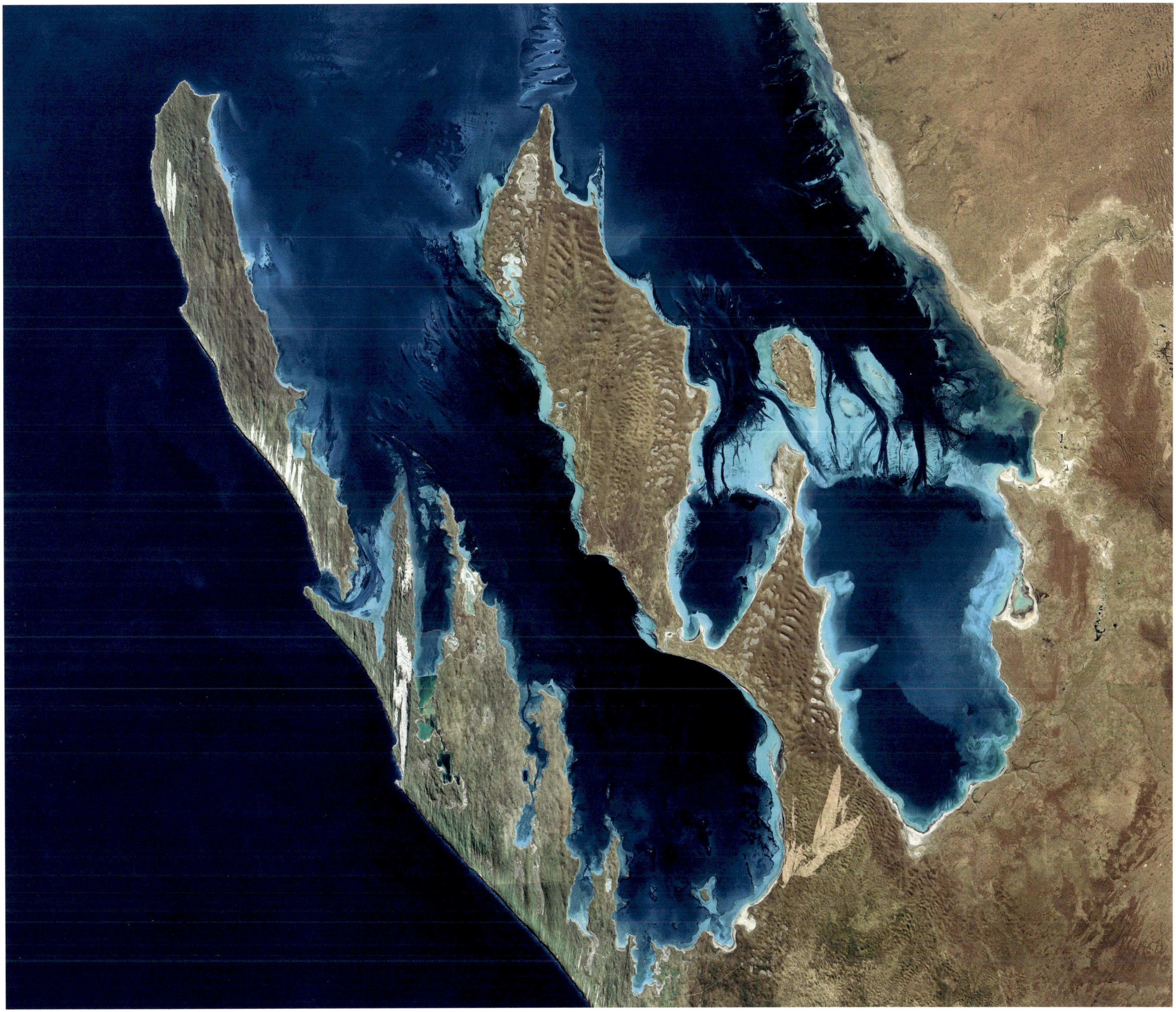

20 km

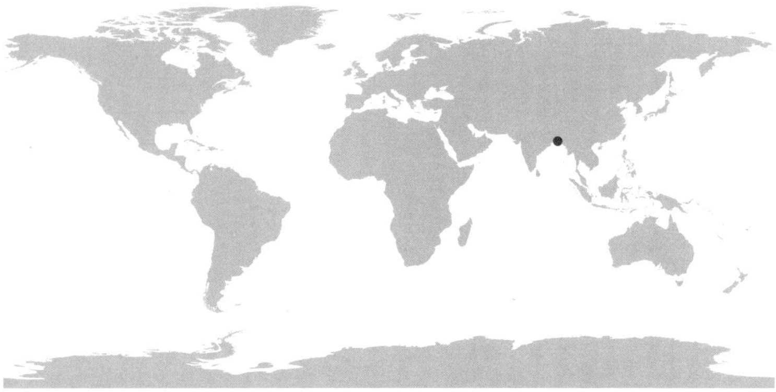

Ganges-Delta

Indischer Ozean, Golf von Bengalen | Bangladesch

Das Bild zeigt einen Ausschnitt des Ganges-Deltas, des größten Flussdeltas der Welt. Es wird von etwa 240 Flüssen genährt und besteht aus unzähligen Sümpfen und Schwemmlandinseln. Hier finden sich auch die größten Mangrovenwälder der Welt, die Sundarbans. Sie sind Rückzugsgebiet zahlreicher Tierarten, darunter auch der Bengalische Tiger. Die Mangroven nehmen fast den gesamt Landbereich des Bildausschnitts ein (dunkles und mittleres Grün). Im Übergangsbereich zum offenen Meer (blau) sind großflächige Schwebstofffahnen zu erkennen (grau-beige), die von den Flüssen in das Meer eingebracht werden, sich dort verdünnen (cyan) und absinken. Schmelzwässer aus dem Himalaja und heftige Regen während des Monsuns führen immer wieder zu gewaltigen Überschwemmungen des Deltas. Sie sind normal und für den Erhalt der speziellen Ökosysteme sogar notwendig. Erst durch die Besiedelung dieser Gebiete werden sie zu Katastrophen.

20 km

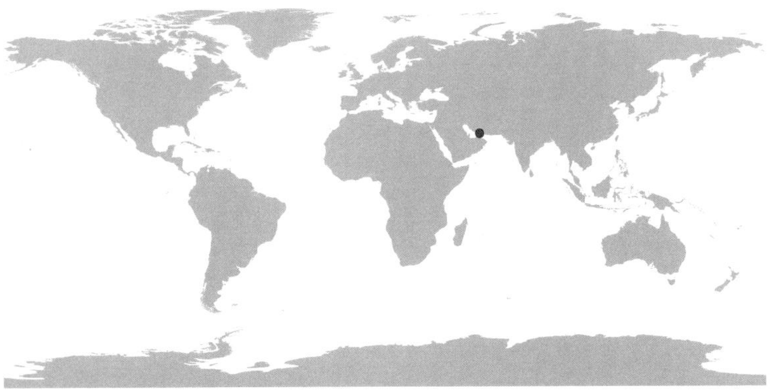

Straße von Hormus

Indischer Ozean, Persischer Golf | Iran, Oman, Vereinigte Arabische Emirate

Etwa ein Viertel des weltweit geförderten Erdöls wird auf Schiffen durch dieses Nadelöhr manövriert, die Straße von Hormus. Die Meerenge ist an der schmalsten Stelle knapp 40 Kilometer breit. Sie verbindet den Persischen Golf (links) mit dem Golf von Oman (rechts), der außerhalb des Bildes in den Indischen Ozean mündet. Die Straße wird durch eine spitz zulaufende Ausbuchtung der Arabischen Halbinsel abgeschnürt. Rückgrat dieses Sporns ist das Omangebirge, das im Norden als zerklüftete und schroffe Landzunge endet. Der Westrand des Gebirgsbogens bildet über weite Strecken die Grenze zwischen Oman und den Vereinigten Arabischen Emiraten. Letztere sind beinahe vollständig von den auffälligen gelben bis orangefarbenen Dünen bedeckt, den Ausläufern der Rub al-Khali. An der Küste zum Persischen Golf kann man die Städte Dubai und Abu Dhabi erkennen. Nördlich der Straße von Hormus befinden sich die Berg- und Wüstenlandschaften des südlichen Irans. Im oberen linken Bildteil ist das Faltengebirge von vielen Salzdomen durchsetzt, die den Untergrund kuppelartig aufwölben und aufbrechen. Die meisten der kleinen Inseln im Persischen Golf gehen ebenfalls auf salztektonische Hebungen zurück.
Bei dieser Darstellung handelt es sich um ein komplexes Mosaik aus 24 Einzelaufnahmen.

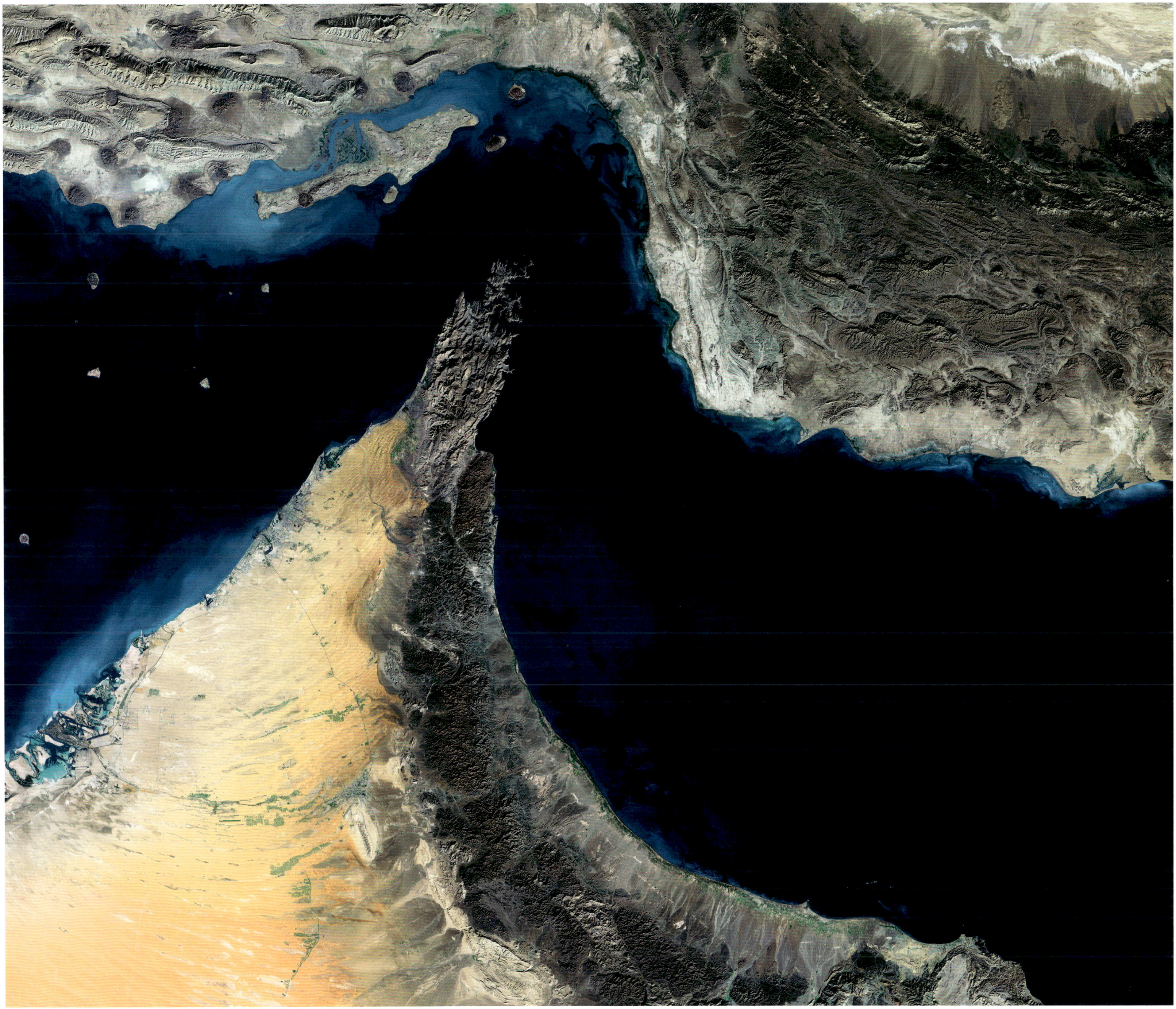

50 km

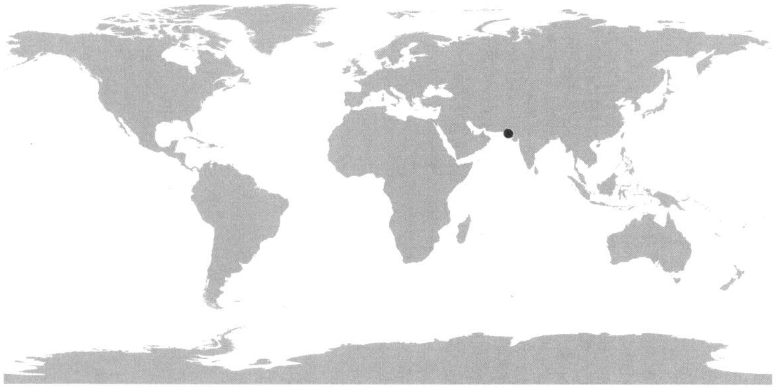

Indus-Delta

Indischer Ozean, Arabisches Meer | Pakistan

Das Indus-Delta am Nordrand des Arabischen Meeres ist eines der wenigen Flussdeltas, die in einem Gebiet mit Wüstenklima liegen. Der Indus bezieht sein Wasser aus Tibet und dem Karakorum-Gebirge sowie aus den Monsungebieten im Vorfeld des Himalajas. In seinem Mittel- und Unterlauf durchfließt er die Trockengebiete Pakistans und wird hier zum Quell der größten Bewässerungsflächen der Erde. Rechts im Bild, zum Teil schon im Deltabereich, sind große Areale mit Bewässerungsfeldbau zu erkennen (helles Grün). Die vordere Front des Deltas ist ein fast 200 Kilometer langes Schwemmland mit Sandbänken, durchsetzt von zahllosen Flussarmen und Bächen. Ein Teil des Schwemmlands ist mit Mangrovenwäldern bewachsen, weite Teile sind aber kaum mehr als gewaltige Schlammkörper.
Am nordwestlichen Rand des Deltas ist deutlich Karatschi zu erkennen, mit mehr als zwölf Millionen Einwohnern die größte Stadt Pakistans. Westlich davon ragt das Kap Monze ins Arabische Meer.

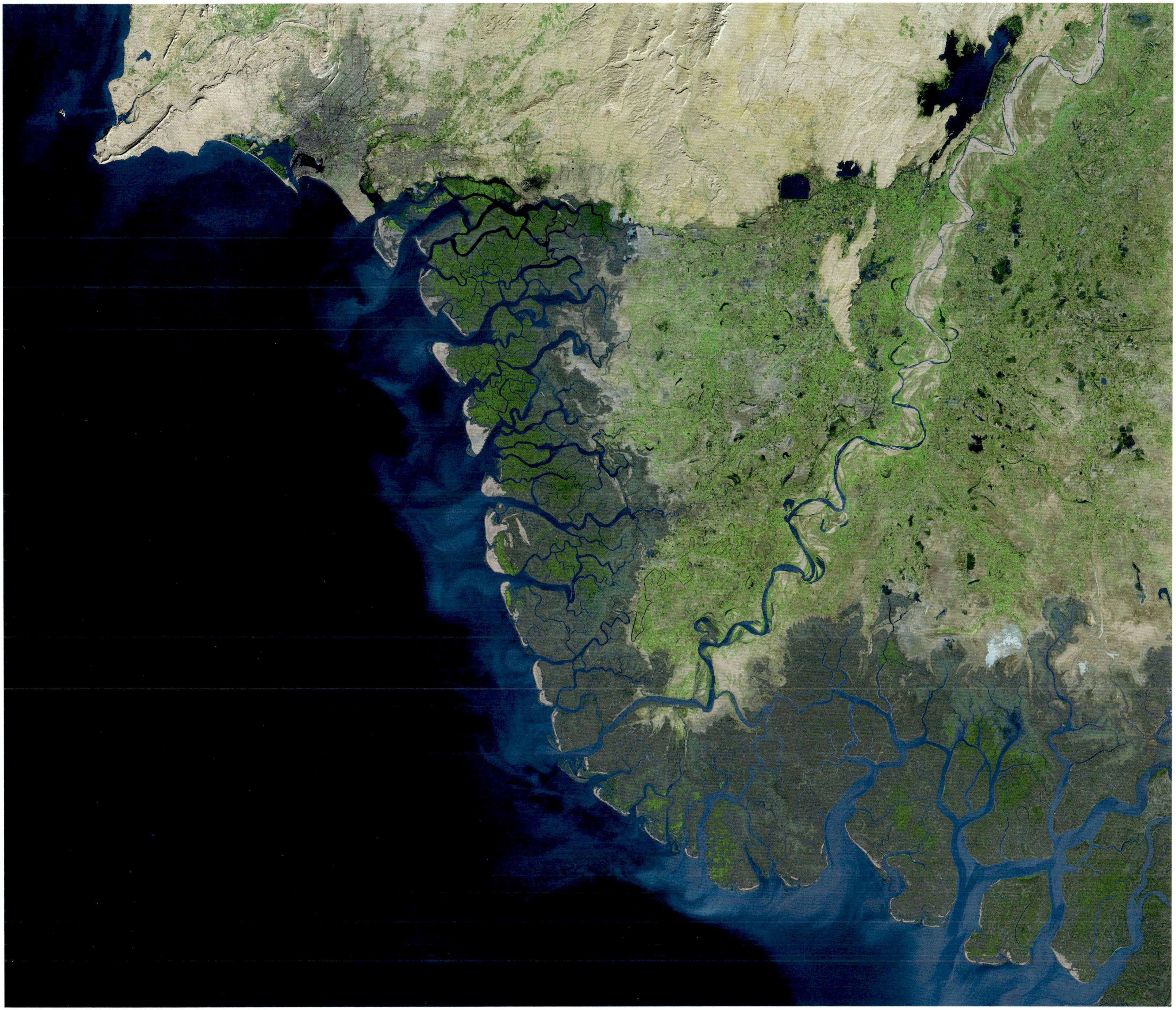

20 km

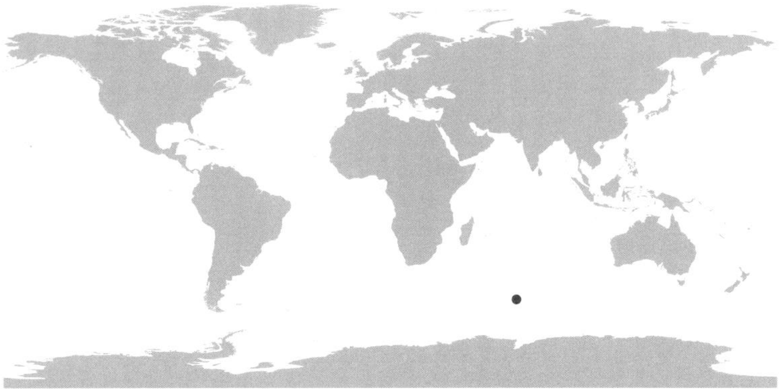

Kerguelen

Südindischer Ozean | Frankreich

Die Kerguelen sind eine abgelegene und unwirtliche Inselgruppe im Südindischen Ozean. Der Archipel ist vulkanischen Ursprungs, die vorherrschenden Plateaubasalte sind jedoch durch die Eiszeiten und die Einwirkung von Wind und Wasser stark überprägt. Der Küstenverlauf ist äußerst unruhig. Tief eingeschnittene Täler und Fjorde, pyramidenförmige Bergkuppen, zahllose Seen und weitläufige Moore prägen das Bild der Landschaft. Als markantes Relikt der letzten Eiszeit thront der gewaltige Cook-Plateaugletscher im Zentrum der Hauptinsel. Zahlreiche Gletscherzungen ergießen sich von hier aus in die umliegenden Täler. Südöstlich des Cook-Gletschers liegt die höchste Erhebung der Insel, der 1850 Meter hohe Stratovulkan Mont Ross (Bildmitte unten). Auch seine Flanken sind von Gletschern bedeckt.
Das Klima auf den Kergeuelen ist kalt und extrem windig, an fast 200 Tagen im Jahr herrscht Sturm. Abgesehen von einer französischen Forschungsstation sind die Inseln unbewohnt. Sie liegen mehrere Tausend Kilometer von jeglichem Festland entfernt und sind bis heute nur mit dem Schiff zu erreichen.

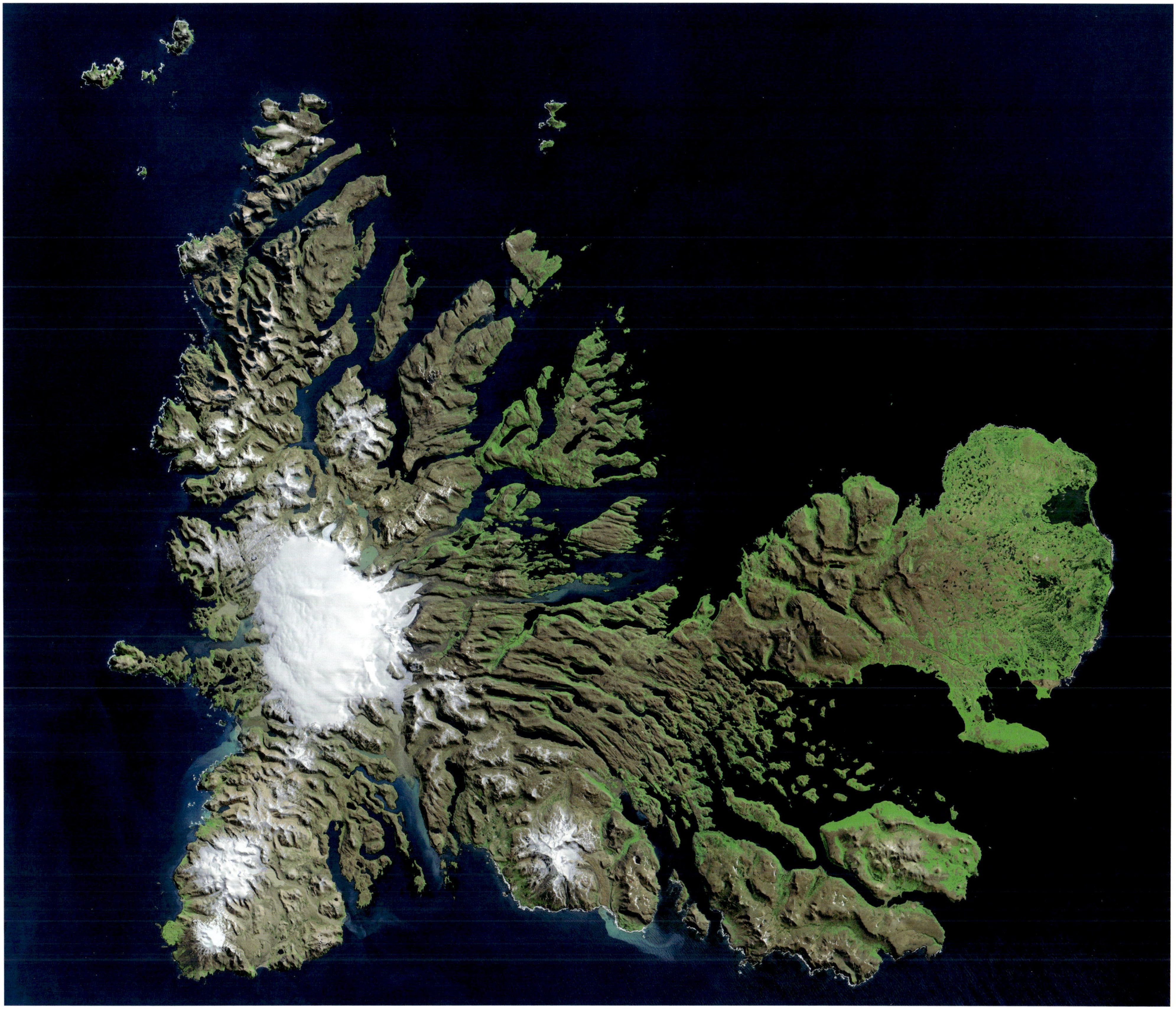

20 km

Mittelmeer

und Kaspisches Meer

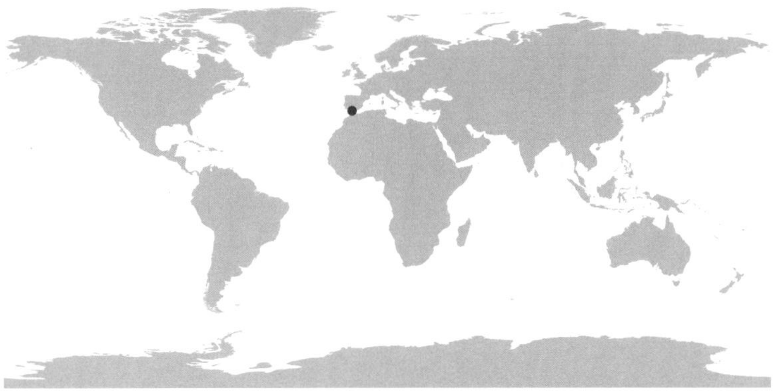

Straße von Gibraltar

Mittelmeer | Großbritannien, Marokko, Spanien

Der östliche Ausgang der Straße von Gibraltar. Die Meerenge zwischen Europa und Afrika ist die Verbindung zwischen dem Atlantischen Ozean und dem Mittelmeer. Entsprechend hoch ist die strategische, ökonomische und auch meeresökologische Bedeutung.
Im linken oberen Bildteil findet sich das Südende von Spanien mit der halbkreisförmigen Bucht von Gibraltar. Rechts der Bucht liegt die britische Kronkolonie Gibraltar mit dem markanten Kalksteinfelsen, links die spanische Hafenstadt Algeciras. Links unten ragt das Nordende von Marokko hervor. Hier erkennt man auf einer kleinen Landzunge eine Hafenstadt, die spanische Exklave Ceuta. Weiter südlich befinden sich die Ausläufer der Rifberge und die marokkanische Stadt Tétouan.
Nach Osten hin öffnet sich das Mittelmeer. Auffällig sind hier die großen Wellenmuster, die sogenannte Interne Wellen nachzeichnen. Diese entstehen an der Grenze zwischen Wasserschichten unterschiedlicher Dichte, Temperatur oder Salinität und bilden langwellige (hier zwei bis drei Kilometer), träge Schaukelbewegungen zwischen den Schichten. Ausgelöst werden sie in diesem Fall von dem Gezeitenstrom, der sich an einer untermeerischen Barriere in der Straße von Gibralter bricht.

10 km

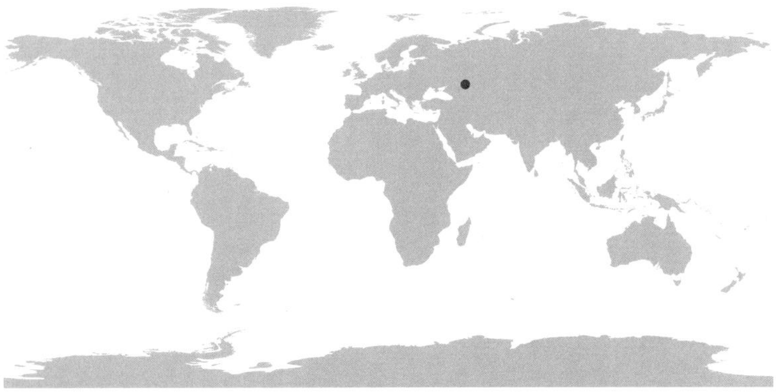

Wolga-Delta

Kaspisches Meer | Russland

Das größte und wohl schönste Flussdelta Europas bildet die Wolga an ihrer Mündung im Kaspischen Meer. Auf annähernd 200 Kilometern Breite entlässt die Wolga ihr sedimentbeladenes Wasser ins Kaspische Meer. Ihre zahllosen Arme tränken und nähren ein riesiges Schwemmland, das wegen seiner besonderen Flora und Fauna zum Teil unter Naturschutz steht. Das Delta wird von auffälligen dünenartigen Strukturen gesäumt, von denen man annimmt, dass es sich um einst unter Wasser liegende Sandbänke handelt, die durch den gesunkenen Pegel des Kaspischen Meeres verlandet sind. Zwischen den wenigen Meter hohen Wällen befinden sich kleine, wassergefüllte Senken. Nahe diesen Strukturen, direkt am Hauptarm des Deltas (Bachtemir), befindet sich die Stadt Astrachan. Südlich davon liegt eine Zone intensiver Landwirtschaft. Im unmittelbaren Mündungsbereich erkennt man einige filigrane Linien, die direkt ins Wasser führen. Es handelt sich um kleine Schifffahrtskanäle. Die wolkenhaften Strukturen im Wasser sind vermutlich eine Mischung aus eingespülten Schwebstoffen und blühendem Phytoplankton.
Die Wolga entwässert große Teile Westrusslands. In ihrem Unterlauf durchfließt sie als sogenannter Fremdlingsfluss die Halbwüsten und Steppen der Kaspischen Senke, ehe sie ins Kaspische Meer mündet. Am oberen Bildrand sind Teile dieser Trockengebiete zu erkennen (beige-braun).

20 km

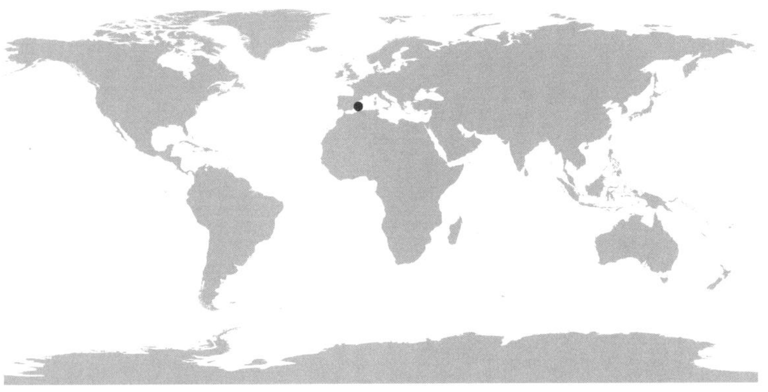

Ibiza und Formentera

Mittelmeer | Spanien

Zwischen Mallorca und dem Cabo de la Nao auf dem spanischen Festland befinden sich die Pityusen, eine Inselgruppe der Balearen. Zu den Pityusen gehören Ibiza (oben), Formentera (unten) und mehrere kleine Felseninseln.
Ibiza und Formentera sind ein ungleiches Paar. Während Ibiza stark vom Tourismus geprägt und für sein Nachtleben bekannt ist, wirkt Formentera auf den Besucher eher beschaulich und ruhig. Auch landschaftlich gibt es deutliche Unterschiede. Ibiza hat eine stark zergliederte, überwiegend felsige Küste mit kleineren Sandbuchten (Calas); das Hinterland ist hügelig und von zahlreichen Kiefernwäldern geprägt. Formentera hingegen ist deutlich flacher und waldärmer, die Küste ist ausgeglichener mit kilometerlangen Sandstränden. Der flache Charakter setzt sich auch untermeerisch fort. Die Insel wird von einer großen (im Bild gut erkennbaren) Flachwasserzone gesäumt, die sich im Norden bis zur Südspitze Ibizas erstreckt. Auf der Schwelle wachsen ausgedehnte Seegraswiesen (Posidonia), die wegen ihrer ökologischen Bedeutung zum UNESCO-Weltnaturerbe zählen.

10 km

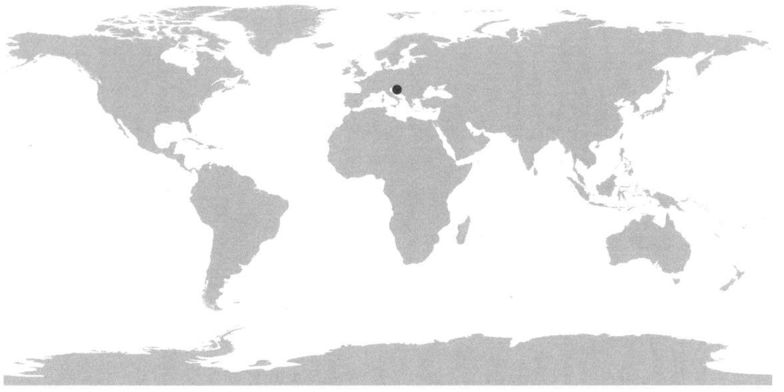

Nördliche Adria

Mittelmeer, Adriatisches Meer | Kroatien

Den Nordosten der Adria mit dem Golf von Triest, der Halbinsel Istrien sowie den nördlichen Kroatischen Inseln kennzeichnen die auffällig ausgerichteten, länglichen Inseln und Kanäle. Diese Küstenform heißt daher auch Canaleküste. Sie entsteht, wenn das Meer durch Meeresspiegelanstieg oder Landsenkung in eine Faltengebirgslandschaft eindringt und die Täler und Bergrücken dabei längs zur Küste ausgerichtet sind. Sie bilden nach der Überflutung die Kanäle und Inseln.

Auffällig sind die teilweise kahlen (hellen) Küsten- und Inselabschnitte. Es ist die Bora, ein kalter Fallwind, der, vom Dinarischen Gebirge kommend, mit Wucht auf die Küstenlandschaft trifft und dort Boden abträgt. Die Neuansiedlung von Vegetation wird durch die Verkarstung des Kalkgesteins zusätzlich erschwert, denn Wasser versickert hier schnell. Die aufgewühlteren (helleren) Wasserflächen sprechen dafür, dass auch bei dieser Aufnahme starke Winde vom Land aufs Wasser wehten.

20 km

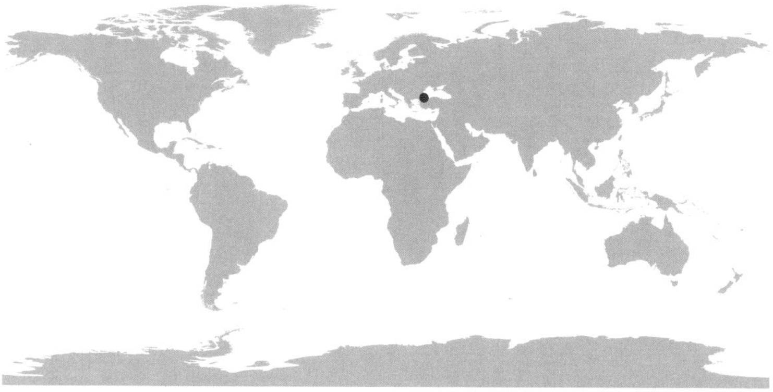

Bosporus

Mittelmeer, Schwarzes Meer | Türkei

Die Meerenge des Bosporus verbindet das Schwarze Meer über das Marmarameer und Ägäische Meer mit dem Mittelmeer. Zugleich trennt der Bosporus das (geografisch definierte) Europa von Kleinasien. Der Kanal ist knapp 20 Kilometer lang, zwischen 700 und 4000 Meter breit und 40 bis 120 Meter tief. Er wird zu beiden Seiten von Istanbul gesäumt, der größten und wirtschaftlich bedeutendsten Stadt der Türkei. Der Bosporus ist eine Wasserstraße von immenser Bedeutung, da über sie Russland ans Mittelmeer angeschlossen ist. Zahlreiche Schiffe sind auch in der Aufnahme zu erkennen.
Zwei Wasserströmungen durchfließen den Bosporus. An seiner Oberfläche fließt Wasser vom Schwarzen Meer – wegen seines durch zahlreiche Zuflüsse entstehenden Wasserüberschusses – ins Mittelmeer, wo wiederum ein Wasserdefizit herrscht, weil hier die Verdunstung überwiegt. Eine schwächere Strömung am Grund der Straße erfolgt in umgekehrter Richtung zum Schwarzen Meer. Sie ist bestrebt, den Unterschied des Salzgehalts beider Meere auszugleichen. Im Satellitenbild ist von diesen beiden Strömungen nur wenig zu erkennen. Ob der markante Wasserwirbel im oberen Bildteil mit der Unterströmung in Verbindung steht, bleibt Spekulation.

10 km

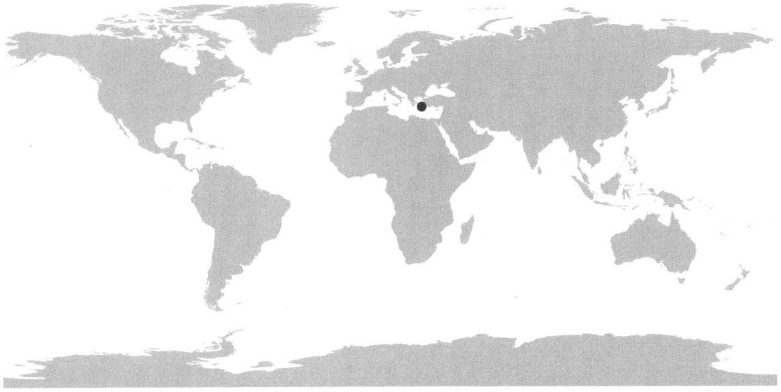

Astypalaia

Mittelmeer, Ägäisches Meer | Griechenland

Den Beinamen »Schmetterlingsinsel« trägt die griechiche Insel Astypalaia zu Recht. Wie ein filigranes Flugobjekt scheint die symmetrisch geformte Insel durch das Ägäische Meer zu gleiten. Tatsächlich sind es aber Strömungen, Windfelder und Interne Wellen, die für die Dynamik in dem Bild sorgen. Die wuchtigen »Flügel« von Astypalaia sind durch einen nur 100 Meter breiten Isthmus verbunden. Nahe der engsten Stelle liegen der Flughafen und eine der vier Ortschaften der Insel.
Astypalaia und ihre unbewohnten kleinen Nachbarn liegen vergleichsweise isoliert zwischen den Kykladen und Dodekanes, zwei Inselgruppen im Südteil der Ägäis. Die Entfernung zur nächsten bewohnten Insel beträgt mehr als 40 Kilometer.

10 km

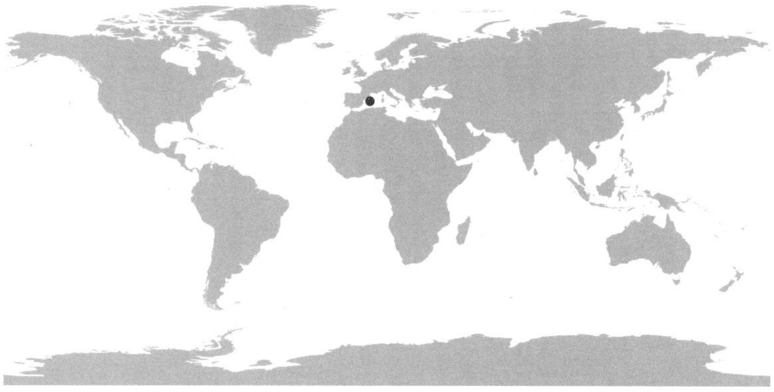

Mallorca

Mittelmeer | Spanien

Diese Darstellung von Mallorca, der Hauptinsel der Balearen, ist ein Mosaik aus acht Satellitenaufnahmen. Durch die Verwendung von Frühjahrsdaten erscheinen Wiesen und viele Felder in kräftigen Grüntönen. Wälder werden dunkelgrün wiedergegeben, Böden und Gestein wie das der Serra de Tramuntana in gelblich-bräunlichen Tönen, Siedlungen wie Palma im linken Bildteil in Rot. Die Strukturen der umliegenden Meeresflächen ergeben sich hauptsächlich durch unterschiedliche Reflexionseigenschaften der Wasseroberfläche. Je nachdem, ob diese glatt oder rau ist, wird das Sonnenlicht spiegelnder oder diffuser reflektiert und führt zu mehr oder weniger hellen Bildwerten. Die Rauigkeit hängt wiederum von Windfeldern sowie Strömungen und Zirkulationen des Wassers ab. Je nach vorherrschender Strömung und je nach Form der Küste ergeben sich typische Lee- und Luveffekte mit stilleren, dunkleren und aufgewühlteren, helleren Wasserbereichen. Lediglich unmittelbar an der Küste wird die Farbe des Wassers auch von Untiefen beeinflusst, die in Türkis dargestellt sind.

10 km

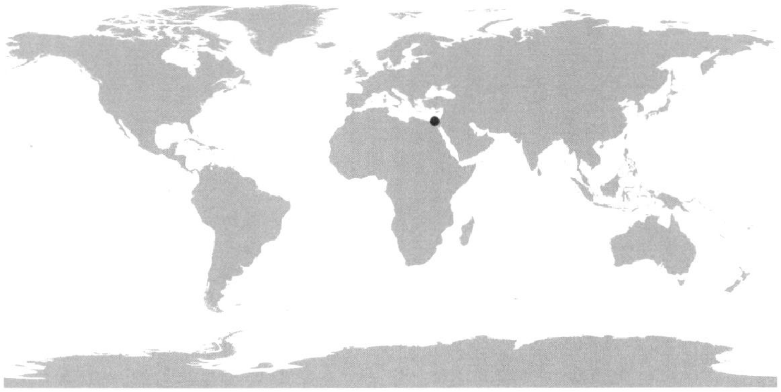

Nil-Delta

Mittelmeer | Ägypten

Die Aufnahme zeigt Teile von Ägypten und Israel mit der Sinai-Halbinsel und das nördliche Rote Meer. Beherrscht ist das Bild vom Nil und seinem Delta. Der von Bewässerungsland gesäumte afrikanische Strom bildet ein auffälliges, etwa 20 Kilometer breites grünes Band, das sich durch die lebensfeindliche Libysche (westlich des Nils) und Arabische Wüste (östlich des Nils) schlängelt. Nördlich von Kairo fächert sich der Nil zu einem gewaltigen, dreieckigen Delta auf, das auf einer Breite von etwa 250 Kilometern ins Mittelmeer mündet.
Das Nil-Delta ist ein dicht besiedelter und intensiv genutzter Agrarraum. Durch den Bau des Assuan-Staudamms ist die Nutzung allerdings gefährdet. Der Staudamm hält nährstoffreichen Schlamm zurück. Hierdurch ist nicht nur die Düngerfunktion des Nilwassers vermindert, sondern auch der Bestand des Deltas selbst. Anstelle der Ablagerung neuer Sedimente wird zunehmend der bestehende Boden abgetragen.

100 km

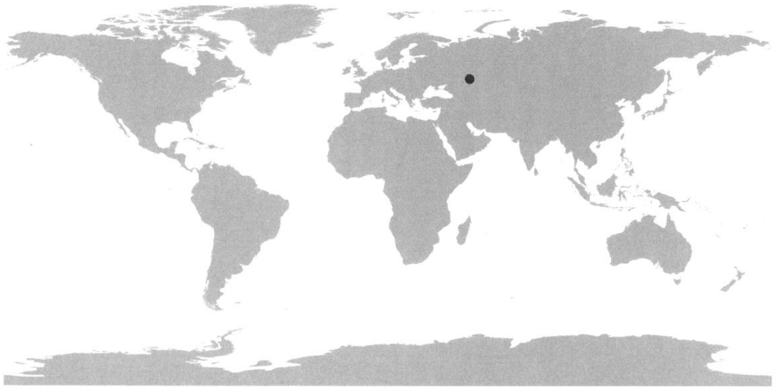

Ostrowa Tjuleni

Kaspisches Meer | Kasachstan

Diese markant geformten, unbewohnten Inseln finden sich im Nordteil des Kaspischen Meeres, im Ausgang der Mangyschlak-Bucht, nördlich des Kaps von Tjub-Karagan (unterer Bildteil). Die größeren Inseln haben einen höher gelegenen Sandkern (beige) und einen tiefer gelegenen Röhrichtgürtel (grün). Die kleinsten Inseln bestehen ausschließlich aus diesen Feuchtgebieten. Wegen der großen Populationen von Seehunden und Wasservögeln stehen die Inseln unter Naturschutz. Die Strukturen im Wasser werden vorwiegend von Sedimenten und anderen Schwebstoffen im Wasser verursacht. Die Strömung bricht sich an den Inseln, und es kommt zu Verwirbelungen. Ein Teil der Wasserstrukturen ist vermutlich auch auf Untiefen zurückzuführen. Im Gegensatz zum Südteil des Kaspischen Meeres ist der nördliche Teil im Mittel nur wenige Meter tief.
Das Kaspische Meer ist vollständig von Land umschlossen und somit ein See. »Meer« wird es allein wegen seiner enormen Größe genannt. Mit mehr als 380 000 Quadratkilometern ist das Kaspische Meer größer als Deutschland.

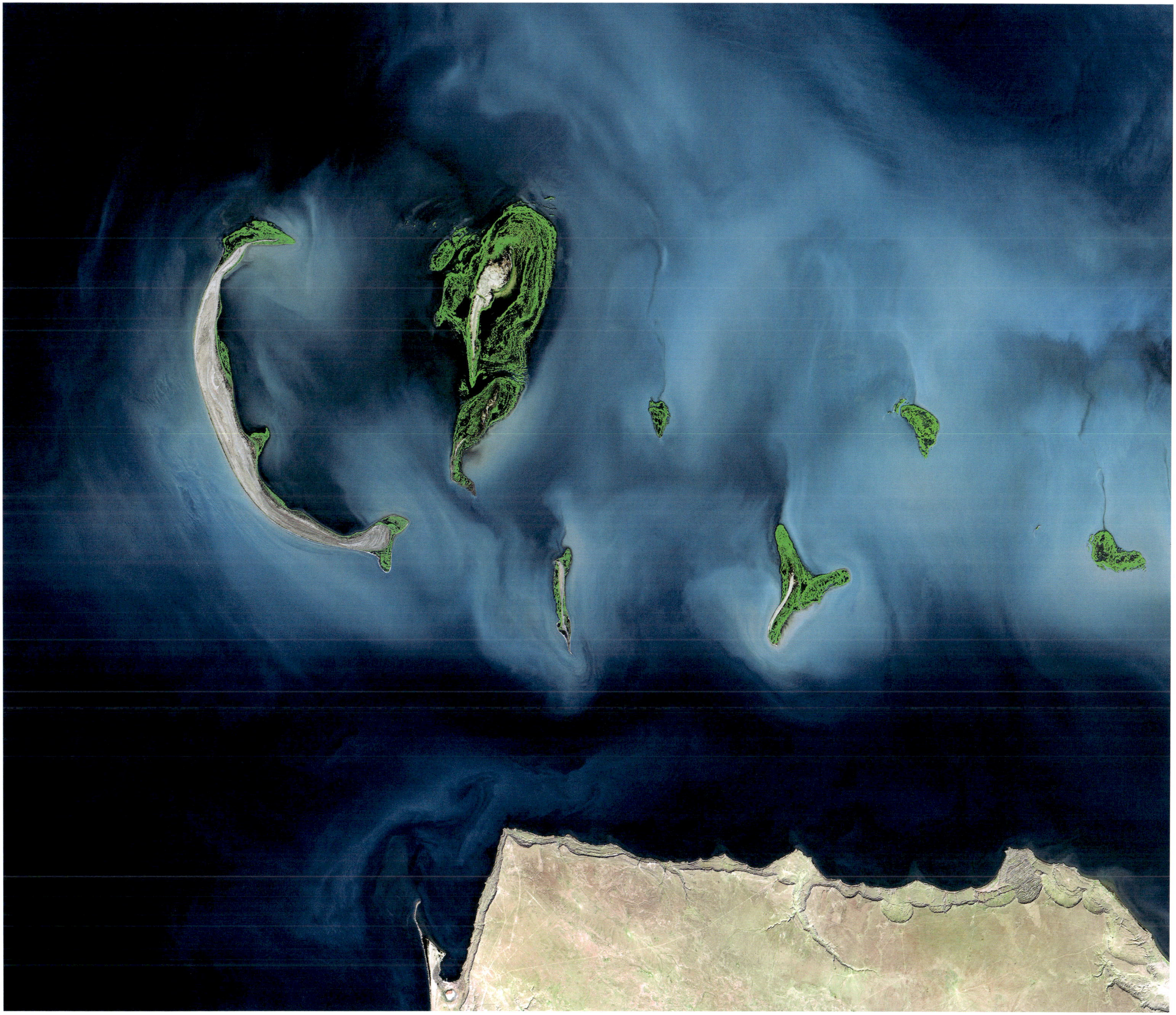
10 km

Fernerkundung der Küsten und Meere

Einleitung

Fernerkundung bezeichnet Messverfahren, die nicht direkt mit einem Objekt in Berührung kommen, sondern dieses aus einer gewissen Entfernung erfassen. Diese Art, Informationen über einen Gegenstand oder eine Oberfläche zu erhalten, hat vor allem dann Vorteile, wenn das Objekt schwer zugänglich ist oder eine sehr große Ausdehnung hat. Auf unsere Ozeane treffen beide Bedingungen zu. Aus diesem Grund ist im Laufe der letzten 25 Jahre die Fernerkundung, insbesondere die satellitengestützte Fernerkundung, auf verschiedenen Gebieten der Ozeanografie immer stärker zum Einsatz gekommen. Satellitenbilder sind in den vergangenen Jahren hauptsächlich durch ihre Visualisierung in den Medien ins öffentliche Bewusstsein gedrungen. Ursprünglich jedoch hat die Fernerkundung die wissenschaftliche Auswertung und operationelle Nutzung der gewonnenen Daten zum Ziel: Mit den verschiedenen Messsystemen werden unterschiedliche Bereiche des elektromagnetischen Spektrums erfasst, aus denen mithilfe von wissenschaftlich entwickelten Algorithmen Informationen über den Zustand der Meere gewonnen werden können.

Physik und Biologie des Meeres vom Weltraum aus gemessen

Strömungen, Wind und Seegang sind die zentralen Themen der Physik des Meeres. Die großen Meeresströmungen transportieren Wärme aus den äquatorialen Gegenden in hohe Breiten und sorgen dort für mildes Klima. Im Gegenzug transportieren sie nährstoff- und sauerstoffreiches Wasser aus den polaren Meeren in die tropischen Gewässer, die einen hohen Fisch- und Pflanzenreichtum aufweisen. Mittels eines thermischen Sensors können Satelliten die Meeresoberflächentemperatur feststellen; auf diese Weise lassen sich die entsprechenden Strömungen genau vermessen und Änderungen erkennen. (Bild 1)

Eine andere Gruppe von Satellitensensoren – die der aktiven Radargeräte – sendet Mikrowellen aus und misst deren Rückstreuung und Rücklaufzeit. Die Altimetertechnik ermöglicht es, die Auslenkung der Meeresoberfläche gegenüber dem Ruhezustand zentimetergenau zu errechnen und so das globale Strömungsfeld zu bestimmen. Die Erforschung dieser großräumigen Zirkulation ist für Klimafragen relevant. Informationen über das lokale Wind- und Seegangsfeld hingegen sind im Hinblick auf unsere Küstenmeere und die Schifffahrt von großer Bedeutung. Diese lokalen Größen lassen sich durch Radarwellen messen, die vom Satelliten auf eine bestimmte Art und Weise ausgesendet und wieder empfangen werden (sogenannte SAR-Technik). (Bild 2)

Radartechnik wird auch bei der Vermessung der großen Meereisschilde in der Arktis und Antarktis eingesetzt. Ohne Satelliten wäre es nicht möglich, jedes Jahr ein genaues Bild der Ausdehnung des Eises zu erhalten. Der in den letzten Jahren beobachtete Rückgang besonders des arktischen Eises ist dramatisch und hat großen Einfluss auf das globale Klima. Serien von Satellitenaufnahmen geben Aufschluss darüber, mit welcher Geschwindigkeit Eisschollen sich bewegen. Weil sich daraus Meeresströmungen berechnen lassen, stellen diese Ergebnisse auch wertvolle Informationen für die Schifffahrt dar. (Bild 3)

Mikroskopisch kleine Algen, das sogenannte Phytoplankton, bilden die Grundlage der Nahrungskette und damit allen Lebens im Ozean. Gebiete mit geringer Phytoplanktonkonzentration sind die ozeanischen Wüsten. Hohe Algenkonzentrationen kommen in Auftriebsgebieten vor, wo durch die Meeresströmungen kaltes und nährstoffreiches Tiefenwasser an die Oberfläche gelangt. Die gute Nahrungsgrundlage in diesen Regionen führt zu hohem Fischreichtum. Übermäßiges Auftreten von Phytoplankton kann ein Indikator für Eutrophierung sein, d.h. für einen erhöhten Eintrag von Nährstoffen in Küstengewässer. Der Zustand der Meere lässt sich umso besser einschätzen, je genauer und langfristiger man diese Daten auswertet. Satelliten mit optischen Sensoren leisten hierzu einen wertvollen Beitrag, indem sie die Farbe des Meerwassers messen: Daraus wiederum lassen sich die Menge des Phytoplanktons sowie die globale Planktonkonzentration berechnen, und das Auftreten von außergewöhnlichen Planktonblüten kann frühzeitig erkannt werden. Die Farbmessungen geben auch Aufschluss darüber, wie viel Schwebstoff durch Flüsse in die Küstengewässer eingetragen wird. An die Schwebstoffe lagern sich Schadstoffe an wie z. B. Schwermetalle. (Bild 4 und 5)

Die schlimmsten Verschmutzungen an unseren Küsten werden jedoch durch Öl verur-

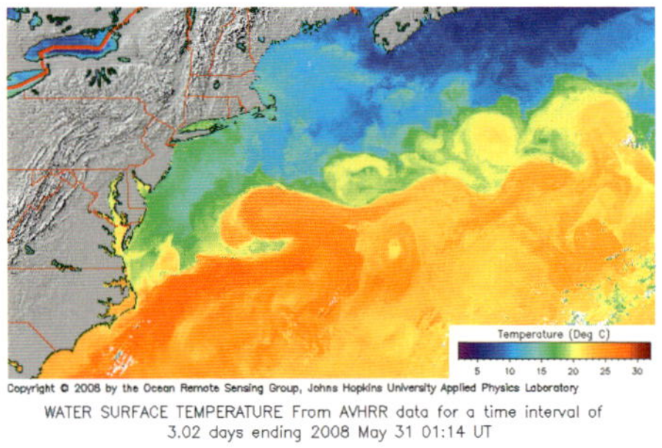

1 Meeresoberflächentemperatur; Golfstrom an der amerikanischen Ostküste. Der Ausschnitt zeigt die warmen Wassermassen, die mit dem Golfstrom nach Nordost transportiert werden. An den Fronten zwischen den warmen (orange) und kalten (blau) Wassermassen bilden sich Verwirbelungen aus, die sogenannten Eddies. Das Bild ist ein Mosaik aus Temperaturbildern von drei aufeinanderfolgenden Tagen im Mai 2008.
Aufnahmegerät: NOAA AVHRR,
Auflösung: 1,2 km
Quelle: Ocean Remote Sensing Group, Johns Hopkins University Applied Physics Laboratory

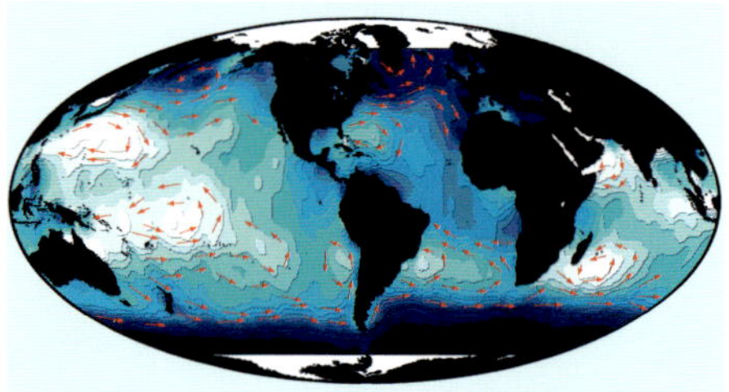

2 Durch Altimetermessungen ermittelte Auslenkung der Meeresoberfläche (hell = »Berg«, dunkelblau = »Tal«) und daraus abgeleitete Strömungen und Wirbel. Der Höhenunterschied zwischen Atlantik und Pazifik ist auf den unterschiedlichen Salzgehalt der beiden Ozeane zurückzuführen.
Quelle: Cnes/CLS,
http://www.aviso.oceanobs.com/

3 Mosaik aus Envisat-ASAR-Bildern, die die Seeeisbedeckung im August 2008 zeigen. Die rote Linie kennzeichnet die minimale Eisbedeckung im September 2007.
Quelle: ESA © 2008

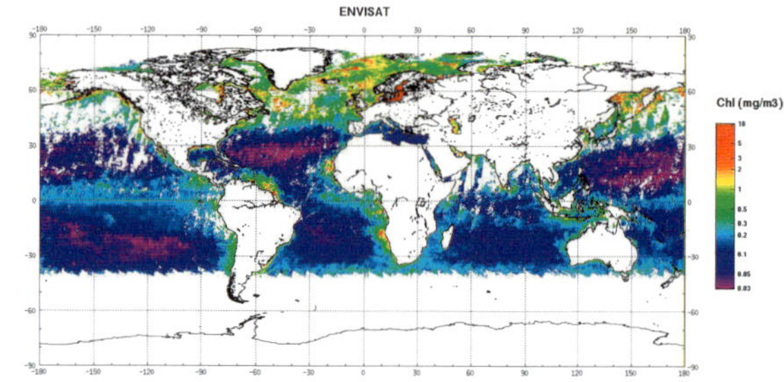

4 Globale Algenkarte
Chlorophyllkonzentration im offenen Ozean im Juni 2008. Höhere Konzentrationen in den kälteren Regionen und insbesondere in den Auftriebsgebieten der großen Meeresströme. Die Chloropyhllwerte sind aus den Messungen verschiedener Satellitensysteme gewonnen worden. Chlorophyll-a-Konzentration für Case-1 Gewässer, Auflösung: 9 km
Quelle: ACRI, LOV und ESA (Globcolour)

sacht, das in großen Mengen durch Tankerunfälle freigesetzt oder beim Reinigen von Schiffstanks über viele Kilometer illegal ins Meer abgelassen wird. Durch das Öl werden die Wellen des Wassers gedämpft, was vom Satelliten aus per Radarwellen zu erkennen ist. Innerhalb kürzester Zeit nach Empfang des Satellitenbildes und Detektion eines Ölflecks werden Flugzeuge ausgesendet, um den Vorfall zu untersuchen und gegebenenfalls das verantwortliche Schiff zu stellen.

Das Wattenmeer an der deutschen, holländischen und dänischen Küste ist ein besonders empfindlicher Lebensraum. Der Schutz des Wattenmeers und seine regelmäßige Überwachung haben höchste Priorität. Durch optische Fernerkundung ist es möglich, unterschiedliche Sedimenttypen, Vegetationsarten und Muschelbänke zu erkennen. Diese Kartierungen vom Weltraum aus helfen den Überwachungsbehörden, ungewöhnliche Veränderungen festzustellen und gegebenenfalls Maßnahmen zu ergreifen. (Bild 6)

Vom Bild zur Information

Am Beispiel des Phytoplanktons soll hier skizziert werden, wie auf der Basis einer Messung vom Weltraum aus eine Algenblüte kartiert wird. Das im Plankton enthaltene Pigment Chlorophyll-a hat eine grüne Farbe. Schon kleine Mengen Plankton ändern die Farbe des Wassers vom reinen Blau zu einem leichten Grün.

Informationen über die Chlorophyll-Konzentration werden aus optischen Fernerkundungsdaten gewonnen, was bedeutet, dass die Messung am Satelliten im optischen und nahen Infrarotbereich des Lichtspektrums erfolgt. Der Sensor am Satelliten misst den vom Wasserkörper reflektierten Anteil der Sonneneinstrahlung. So hat jeder Wasserkörper seine spezifische »Wasserfarbe«, die durch Absorption und Streuung im Wasserkörper entsteht. Mithilfe dieser Farbe lassen sich Informationen über die Inhaltsstoffe herleiten, die sich im entsprechenden Wasserkörper befinden. Hierbei kommen aber nur solche Inhaltsstoffe

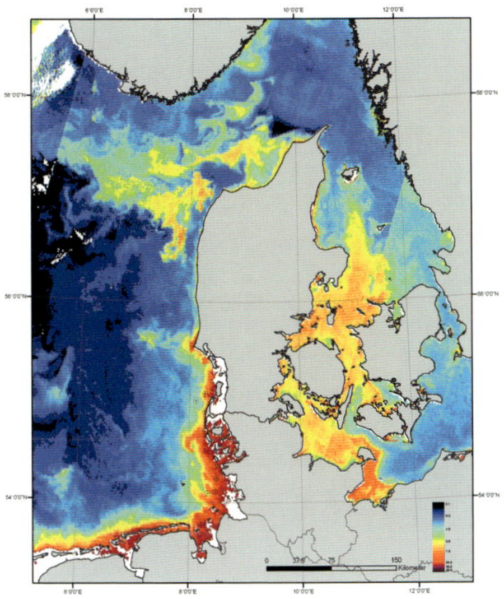

5 Algenkarte Nord- und Ostseeküste; Frühjahrsblüte in der Ostsee am 31.3.2007
Chlorophyllkonzentration an der deutschen und dänischen Nord- und Ostseeküste (rot = hohe Konzentration, blau = niedrige Konzentration). Algenblüten im Frühjahr sind ein natürlicher Prozess. Die Bewertung, ob eine Blüte ein Zeichen für eine schlechte Gewässerqualität ist, hängt von vielen lokalen Faktoren ab. In Küstengewässern ist die Bestimmung der Chlorophyllkonzentration aus Satellitenbildern komplizierter als im offenen Ozean, da durch die Flüsse viel organisches und anorganisches Material in die Küstengewässer transportiert wird. Diese Bestandteile tragen zusammen mit dem Chlorophyll der Algen zur jeweils charakteristischen »Wasserfarbe« bei. Aufnahmegerät: MERIS, Auflösung: 1 km; Algorithmenentwicklung: Freie Universität Berlin, WeW; Quelle: Brockmann Consult © 2008

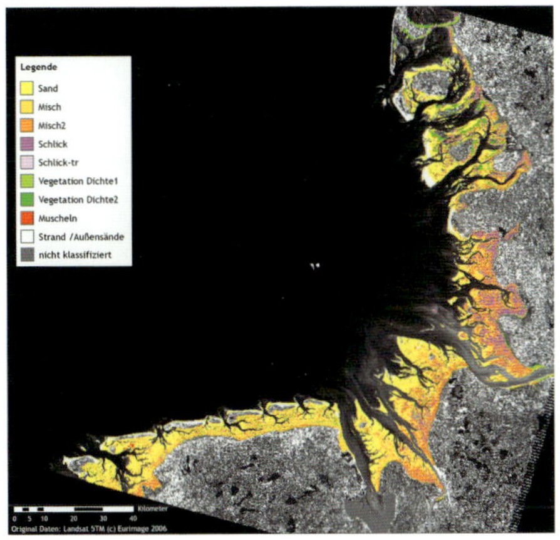

6 Klassifikation Wattenmeer in verschiedene Sedimenttypen sowie Vegetationsgebiete und Muschelbänke. Hierfür werden die charakteristischen Reflektionseigenschaften der verschiedenen Oberflächen ausgewertet.
Das Wattenmeer ist hier durch den Sensor Landsat 5 aufgenommen. Es wird fast das gesamte deutsche Gebiet des Wattenmeers in einer Aufnahme abgebildet. Dies ermöglicht einen groben Überblick, doch auch Detailaufnahmen mit räumlich höherauflösenden Satelliten oder flugzeuggestützte Aufnahmen helfen bei der Einschätzung des Zustandes des Wattenmeeres.
Aufnahmegerät: Landsat 5 TM,
Auflösung: 30 m
Quelle: Brockmann Consult, Eurimage

7 Gemessenes Signal (Kombination Atmosphäre und Wasser)

8 Berechnetes Signal aus der Atmosphäre

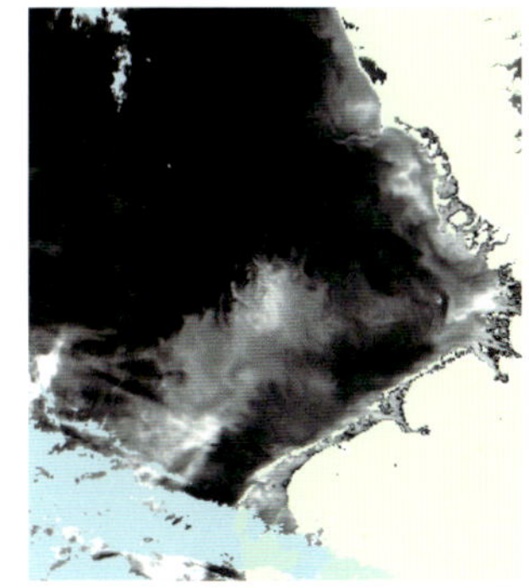

9 Berechnetes Signal aus dem Wasser

Gemessene Energie in einem Aufnahmekanal eines Optischen Aufnahmegerätes (linkes Bild). Der Bildausschnitt zeigt einen Teil der Nordsee, während die Land- und Wolkenflächen ausmaskiert sind. Die gemessene Energie setzt sich aus der von der Nordsee sowie der Atmosphäre reflektierten und gestreuten Sonnenstrahlung zusammen. Um Informationen über das Nordseewasser zu erlangen, muss daher der Atmosphärenanteil herausgerechnet werden. Das mittlere Bild zeigt die Energie, die an den Gasmolekülen und den Teilchen der Atmosphäre gestreut und reflektiert wird, während das rechte Bild den Anteil der aus dem Wasser kommenden Energie zeigt. Es sind deutliche Strukturen in der Nordsee zu erkennen, die zuvor durch den atmosphärischen Einfluss überdeckt waren.
Aufnahmegerät: MERIS (ENVISAT, ESA), Auflösung: 1 km, Quelle: GKSS, Brockmann Consult

zum Tragen, die eine optische Auswirkung haben. Kolibakterien zum Beispiel sind unsichtbar. Neben dem Chlorophyll-a sind es im Wesentlichen Schwebstoffe (gelb-braun) und Gelbstoff (gelb), die die Farbe des Wassers bestimmen.
Die Sonnenstrahlung muss auf ihrem Weg zum Messinstrument am Satelliten zweimal die Atmosphäre durchqueren. Hierbei erfährt das Licht starke Veränderungen, weil es an Luftmolekülen und kleinsten Teilchen in der Atmosphäre, sogenannten Aerosolen, gestreut wird. Da Wasser insgesamt einen großen Anteil des einfallenden Sonnenlichts absorbiert, ist der messbare Anteil der Strahlung am Sensor, der aus den Ozeanen zurückkommt, sehr gering. Nicht mehr als 10 Prozent des Signals, das am Satelliten gemessen wird, stammen aus dem Ozean; der Rest kommt aus der Atmosphäre. Dieses geringe Ozeansignal ist dann das Resultat verschiedener Prozesse im Wasser: der Absorption durch das Wasser, der Absorption durch Chlorophyll-a und Gelbstoff und der Streuung an Schwebstoffen.
Diese Prozesse müssen bei einer Auswertung der Satellitenmessungen berücksichtigt werden und gehen in die Auswertealgorithmen ein, um schließlich die Menge des Planktons im Wasser zu bestimmen. Komplexe Computerprogramme übernehmen diese Aufgabe. (Bild 7–9)

So ist es also möglich, aus den unterschiedlichen Messungen, die von den verschiedenen Satelliten gemacht werden, auf physikalische und biologische Eigenschaften der Meere zu schließen. Dieser wissenschaftliche Blick hilft den Menschen, Fragen zu Wetter und Klima, zu Fischgründen und Meeresverschmutzung zu klären.

Kerstin Stelzer und Carsten Brockmann,
Brockmann Consult

Glossar

Absorption
Hier: Aufnahme (»Verschlucken«) von elektromagnetischer Strahlung durch die Materie, auf welche die Strahlung trifft. Die Strahlungsenergie wird dabei in Wärme umgewandelt. Absorption ist wie auch Reflexion und Streuung wellenlängenabhängig.

Altimeter
Höhenmessgerät. In der Fernerkundung werden sehr exakte Höhenprofile der Erdoberfläche durch Laufzeitmessung von Mikrowellen durchgeführt.

Ästuar
Durch starke Gezeitenströmung trichterförmig erweiterte Mündung eines Flusses. Die Materialschüttung des Flusses ist geringer als die Abtragung durch die Gezeiten.

Atoll
Ringförmiges Korallenriff mit flacher Lagune im Zentrum. Der Riffkranz bildet einen schmalen Saum aus Untiefen und flachen Inseln.

Ausgleichsküste
Küste mit ausgeglichenem Verlauf. Küstenparallele Strömungen haben Landvorsprünge abgetragen, küstenparalleler Sedimenttransport hat Strandhaken und Nehrungen entstehen lassen und schließlich eine Abschnürung und Verlandung von Buchten bewirkt.

Belt
Meerenge. Lokalbezeichnung in Dänemark.

Bodden
Durch Landzungen bzw. Nehrungen vom offenen Meer weitgehend abgetrennte Meeresbuchten im Flachküstenbereich mit unregelmäßigem Umriss. Lokalbezeichnung an der Ostseeküste; entspricht ansonsten dem Begriff »Lagune«.

Bora
Kalter und böiger Fallwind an gebirgigen Küsten. Bora der dalmatinischen Küste als typisches und namensgebendes Beispiel mit besonders hohen Windgeschwindigkeiten.

Bucht
Zurückspringender Ufer- oder Küstenbereich bzw. Ausbuchtung eines Sees oder Meeres. Wasserflächen einer Bucht werden vom Land zum Teil umschlossen.

Caldera
Große, kesselförmige Vertiefung in einem Vulkan, entstanden durch vulkanische Explosion oder durch Einstürzen von Vulkanteilen (entleerte Magmakammer). Der Durchmesser kann mehrere Kilometer betragen.

Dünen
Unterschiedlich geformte Erhebungen aus Sand in Trocken- und Küstenregionen. Der Sand wird vom Wind angeweht und abgelagert.

Dünung
Auslaufender, langwelliger Seegang, der nicht (mehr) dem Einfluss des Windes unterliegt.

Ebbe
Zeitraum des ablaufenden Wassers von einem Hochwasser zum Niedrigwasser (niedrigster Wasserstand) im Gezeitenwechsel.

Eisberg
Große, im Meer schwimmende Eiskörper, meist abgebrochene Stücke von Gletschern oder Schelfeismassen.

Eisscholle
Schwimmende Eisstücke unterschiedlicher Größe, die im Gegensatz zum Eisberg eher flach (schollenartig) ausgeprägt sind. Meist Bruchstücke ehemals geschlossener Eisdecken.

Eiszeit
Kaltzeit, in welcher es aufgrund weltweit niedriger Temperaturen zu weitreichenden Gletschervorstößen und Inlandsvereisungen kam.

Elektromagnetische Strahlung
Energieabgabe von Materiekörpern (Bsp. Sonne) in Form von gekoppelten elektrischen und magnetischen Feldern. Elektromagnetische Strahlung hat unterschiedliche Wellenlängen (Frequenzen, Photonenenergien) mit unterschiedlichen Eigenschaften (Bsp. Röntgenstrahlung, sichtbares Licht, Infrarotstrahlung, Radiowellen).

Endmoräne
Wallartige, meist bogenförmige Materialaufschüttung vor der Gletscherzunge am Ende eines Gletschers. Sie markiert den weitesten Gletschervorstoß.

Erdbeobachtungssatelliten
Satelliten, die speziell für die Zwecke der Erdbeobachtung konzipiert wurden. Sie bestehen in der Regel aus Plattform, Aufnahmeinstrument(en), Energieversorgungseinheit und Datenübertragungseinrichtung.

Erdmantel
Fast 3000 Kilometer mächtige, unter der Erdkruste befindliche Schale im Erdinneren, bestehend aus festen mineralischen Bestandteilen, die sich, über lange Zeiträume hinweg gesehen, leicht plastisch verhalten und »Strömungen« ausbilden.

ESA
European Space Agency. Europäische Weltraumorganisation.

Eutrophierung
Nährstoffübersättigung von Gewässern durch Abwässer, die übermäßiges Pflanzenwachstum und Sauerstoffmangel zur Folge hat.

Fernerkundung
Gesamtheit der Verfahren zur Gewinnung von Informationen über weit entfernte Objekte. Informationsträger ist meist die elektromagnetische Strahlung. Typischer Gegenstand der Fernerkundung ist die Erde, typische Verfahren sind die Luft- und Satellitenbildtechnik.

Festland
Große zusammenhängende (kontinentale) Landmasse oberhalb des Meeresspiegels.

Fjord
Weit ins Landesinnere reichender, oft sehr tiefer Meeresarm mit steilwandiger Küste, entstanden durch nacheiszeitliche Überflutung von Trogtälern.

Flussmündung
Übergang eines Flusses in ein anderes Gewässer. Oftmals Bildung besonderer Formen (Delta, Ästuar).

Flut
Zeitraum des auflaufenden Wassers von einem Niedrigwasser zum Hochwasser (höchster Wasserstand) im Gezeitenwechsel.

Fremdlingsfluss
Fluss, der ein Trockengebiet durchfließt, aber nur deshalb Wasser führt, weil er aus einem niederschlagsreichen Gebiet kommt und dort ausreichend gespeist wurde (Bsp. Nil, Indus).

Gezeiten
Auch Tiden genannt. Durch die Anziehungskraft von Mond und Sonne sowie der Erde bewirktes regelmäßiges Heben (Flut) und Senken (Ebbe) der Meeresoberfläche.

Gezeitenhub
Auch Tidenhub. In Metern gemessener Höhenunterschied zwischen Hoch- und Niedrigwasserständen im Gezeitenwechsel.

Gezeitenstrom
Auch Tidenstrom. Regelmäßiger, mit Ebbe seewärts gehender und mit Flut von See kommender Wasserstrom.

GLCF
Global Land Cover Facility, Universität Maryland, USA. Institut, das sich mit der Landbedeckung und ihrer Veränderung befasst.

Gletscher
Aus akkumulierter Schneemasse hervorgegangene Eismasse, die unter dem Druck der eigenen Auflast plastisch reagiert und langsam zu Tal fließt.

Gletscherlauf
Plötzliche, verheerende Schmelzwasserausbrüche eines Gletschers, in Island ausgelöst durch Vulkanausbrüche unter Eis bzw. durch die plötzliche Entleerung eines Sees, der auf vulkanische Aktivitäten zurückgeht.

Gletscherzunge
Unterer, oft zungenförmiger Teil eines Gletschers.

Google Earth
Kostenlose Software von Google zur Darstellung von Satellitenbildern, Luftbildern, Höhendaten und weiteren Geodaten auf einem virtuellen Globus.

Grat
Scharfkantiger Kamm eines Gebirges, mit zu beiden Seiten steil abfallenden Hängen.

Grundmoräne
Flachwellige Landschaft, die sich ehemals unter Eisbedeckung befand und die von jenem Schutt und Geröll bedeckt ist, die der Gletscher an seiner Sohle herausgebrochen, zerrieben, transportiert und abgelagert hat.

GSFC
Goddard Space Flight Center. Ein wissenschaftliches Forschungslabor der NASA für unbemannte Weltraumfahrt.

Haff
Ehemalige Meeresbucht, die von Strandhaken und Nehrung vollständig oder fast vollständig vom Meer abgeschnürt wurde (ähnlich Lagune und Bodden).

Halbinsel
Zu großen Teilen, aber im Gegensatz zur Insel nicht vollständig von Wasser umgebene Landmasse mit einer natürlichen, meist schmalen Verbindung zum Festland.

Halbwüste
Niederschlags- und vegetationsarmes Gebiet im Übergangsbereich zwischen Wüste und Steppe bzw. Savanne.

Holme
Von Gletscherschliff überprägte, kleine Insel, ähnlich den Schären, jedoch mit leichter Bodenbedeckung und Vegetation.

Hot Spot
Ortsfeste Wärmeanomalie im unteren Erdmantelbereich, mit kaminartig aufsteigendem Magma und starkem Vulkanismus. In Verbindung mit plattentektonischen Bewegungen können sich Vulkanketten bilden (Bsp. Hawaii).

Infrarotstrahlung
Teilbereich des elektromagnetischen Spektrums mit Wellenlängen von 780 Nanometer bis 1 Millimeter. Infrarotstrahlung ist für das Auge unsichtbar, kann jedoch teilweise von optischen Sensoren erfasst werden. Für die Fernerkundung sehr wichtiger Spektralbereich zur Objektunterscheidung.

Insel
Landmasse, die vollständig von Wasser umgeben ist, keine natürliche Verbindung zum Festland besitzt und kleiner ist als ein Kontinent.

Inselkette
Inselgruppe, bei der die einzelnen Inseln aneinandergereiht positioniert sind. Oft vulkanischen Ursprungs.

Interne Wellen
Sehr langwellige und träge Schaukelbewegungen zwischen Wasserschichten unterschiedlicher Dichte, Temperatur oder Salinität. Interne Wellen können sich an der Wasseroberfläche durch feine Veränderungen der Oberflächenrauigkeit durchpausen.

Isthmus
Landenge oder Landbrücke, die zwei Landmassen verbindet und beidseitig von Wasser umgeben ist.

Kap
Auffälliger, markanter Küstenvorsprung, Landspitze. Kaps dienen oft als Landmarke.

Karst
Vorwiegend durch Hohlformen geprägte, ober- und unterirdische Landschaftsformen, entstanden durch Lösungsverwitterung in stark kalkhaltigen Gesteinen.

Kliff
Durch die Arbeit von Brandungswellen entstandene Steilufer.

Korallenriff
Durch kalkabscheidende Lebewesen (Korallen, Algen) gebildetes Riff.

Küste
Grenzsaum zwischen Land und Meer mit reichhaltigem Formenschatz. Unterliegt ständiger Veränderung durch Brandung, Gezeiten, Strömungen, Flussmündungen, Meeresspiegelschwankungen, Landhebung und -senkung.

Lagune
Vom Meer weitgehend abgetrenntes seichtes Gewässer.

Landsat
Serie von Erdbeobachtungssatelliten der NASA, die seit über 35 Jahren kontinuierlich die Erde erfassen. Insgesamt wurden 7 Satelliten der Landsat-Serie gestartet (darunter ein Fehlstart).

Landsporn
Landvorsprung unterschiedlicher Form und Größe.

Landzunge
Vom Festland aus ins Meer reichender Landarm, ähnlich Halbinsel, jedoch ist die Festlandsverbindung nicht schmaler als der breiteste Teil des Armes.

Lava
Bei vulkanischen Aktivitäten austretende, glutflüssige Gesteinsschmelze (Magma).

Lee
Die dem Wind abgewandte Seite eines Standortes.

Luv
Die dem Wind zugewandte Seite eines Standortes.

Mangrove
Aus verschiedenen Pflanzenfamilien stammende, speziell angepasste Gehölze und Sträucher, die in der Gezeitenzone tropischer Küsten wachsen.

Meerbusen
Deutsche Bezeichnung für »Golf«, eine große, oft längliche Meeresbucht.

Meereis
Gefrorenes Meerwasser der Polarmeere. Der anfänglich breiige Film (Eisschlamm) kann sich zu Pfannkucheneis, Eisschollen und Packeis weiterentwickeln.

Meerenge
Schmale Meerespassage, die Meere oder Meeresteile verbindet und zwischen zwei Festlandsteilen oder Inseln verläuft. Gleichbedeutend mit Meeresstraße, Kanal, Sund (Norwegen, Ostseeraum), Belt (Dänemark).

Meeresarm
Schmaler, weit in das Land reichender Meereseinschnitt.

Meeresstraße
Schmale Meerespassage, die Meere oder Meeresteile verbindet und zwischen zwei Festlandsteilen oder Inseln verläuft. Gleichbedeutend mit Meerenge, Kanal, Sund (Norwegen, Ostseeraum), Belt (Dänemark).

Meeresströmung
Vertikaler und horizontaler Wassermassentransport in den Meeren, ausgelöst durch Unterschiede in Temperatur, Dichte und Salzgehalt sowie durch Wind und Gezeiten.

MERIS
Medium Resolution Imaging Spectrometer. Abbildendes Messinstrument für elektromagnetische Strahlung an Bord des ESA-Satelliten Envisat.

MODIS
Moderate Resolution Imaging Spectroradiometer. Abbildendes Messinstrument für elektromagnetische Strahlung an Bord der NASA-Satelliten Terra und Aqua.

Monsun
Großräumige, beständige Windsysteme in den Tropen und Subtropen, mit halbjährlichem Richtungswechsel aufgrund unterschiedlich starker Erwärmung von Ozean und Landflächen. Der sommerliche Monsun weht vom Meer und bringt starke Regenfälle.

Moor
Bis an die Oberfläche dauerfeuchtes Gebiet mit schlammigem Untergrund.

NASA
National Aeronautics and Space Administration. Luft- und Raumfahrtbehörde in den USA.

Nehrung
Aus einem Strandhaken weiterentwickelte, schmale Landzunge, die eine Bucht fast oder ganz vom offenen Meer abschließt.

NOAA
National Oceanic and Atmospheric Administration, eine Ozeanografie- und Wetterbehörde der USA, die mehrere gleichnamige Wettersatelliten betreibt.

Ozeanografie
Meereskunde, Meeresforschung. Multidisziplinäres Forschungsfeld, das insbesondere geophysikalische und biologische Aspekte zum Gegenstand hat.

Packeis
Geschlossene, bis zu mehrere Meter dicke Eisdecke auf dem Meer, entstanden aus Eisschollen, die durch Wind und Strömung in- und aufeinander geschoben wurden und verbacken sind.

Passat
Beständige, erdumspannende Winde der tropischen Breiten. Auf der Nordhalbkugel aus Nordost, auf der Südhalbkugel aus Südost wehend.

Permafrostboden
Dauerfrostboden. Dauerhaft gefrorener Boden in subpolaren und polaren Gebieten sowie im Hochgebirge. Nur der oberste Bereich kann im Sommer kurzzeitig auftauen.

Phytoplankton
Mikroskopisch kleine Algenarten, die frei schwebend oder sich geringfügig bewegend im Wasser leben. Als Primärproduzenten bilden sie die Basis der Nahrungskette in den Meeren.

Plateaubasalte
Mächtige, geschichtete Basaltdecken, entstanden durch wiederholtes Austreten großer Ströme dünnflüssiger Lava (Deckenergüsse).

Plateaugletscher
Geschlossene Eismassen auf Hochplateaus. Entsenden oftmals an ihrem Rand kleinere Gletscherzungen in die Täler.

Radar
Radio Detection and Ranging (Erfassung und Entfernungsmessung mit Radar-/Radiowellen). In der Fernerkundung sind verschiedene abbildende und nicht-abbildende Radarsysteme im Einsatz.

Reflexion
Zurückwerfen von Wellen (z. B. elekromagnetische Wellen, Schallwellen) an der Grenzschicht zwischen zwei Medien. Eine Reflexion kann spiegelnd bis diffus erfolgen.

Relief
Bezeichnet die Oberflächengestalt oder die Höhengestaltung der Erde.

Riff
Längliche, meist felsige Aufragungen des Meeresuntergrundes, die mehr oder weniger nah an die Wasseroberfläche reichen.

Röhricht-Gürtel
Direkt am Ufer eines stehendes Gewässers wachsender Pflanzengürtel mit Schilf und Rohrkolben.

Rundhöcker
Durch Inlandeis abgeschliffene und überformte (zugerundete) Felskörper.

Salinität
Maß für den Salzgehalt eines Gewässers.

Salzdom
Auch Salzstock, -diapir, -horst. Großer, meist pilzförmiger Salzkörper im Untergrund, entstanden durch das Aufsteigen und Eindringen von Salz in überlagernde Gesteinsschichten.

Salztektonik
Heben, Wölben und Brechen von Gesteinsschichten aufgrund der Aufstiegsbewegungen von Salzkörpern im

Untergrund. Salz reagiert bei Druck plastisch und drängt aufgrund seiner vergleichsweise geringeren Dichte nach oben.

Salzwiese
Salzresistente Pflanzengesellschaften an Flachküsten der gemäßigten Klimazone.

Sand
Durch chemische oder physikalische Verwitterung entstandenes, unverfestigtes mineralisches Material mit einer Korngröße von 0,06–2,0 Millimeter.

Sandbank
Durch Veränderungen der Fließgeschwindigkeit entstandene flache, meist temporäre Ablagerungen von Sanden in Flüssen, Seen oder in Küstennähe.

Sander
Breite, schwach geneigte Schwemmkegel aus Schottern und Sanden, abgelagert von Gletscherschmelzwässern im Vorfeld von Gletschern.

Satellit
Hier: künstlicher, unbemannter Raumflugkörper, der die Erde in einer festen Umlaufbahn umkreist und für verschiedene Aufgaben ausgerüstet ist (Kommunikation, Navigation, Erdbeobachtung, militärische Zwecke).

Satellitenbild
Abbildung der Erdoberfläche oder der Atmosphäre, die mit Hilfe von satellitengetragenen Aufnahmesystemen/Sensoren gewonnen wurde. Satellitenbilder sind keine Fotos im klassischen Sinne, sondern als bildlich darstellbare Messwerte verschiedener Spektralbereiche aufzufassen.

Saumriff
Häufiger Rifftyp, der eng an die Küste und ihren Verlauf angelehnt ist. Küste und Riff sind durch eine schmale Wasserrinne getrennt.

Schären
Durch Inlandeisbedeckung abgeschliffene und überformte Felskörper (Rundhöcker), die nacheiszeitlich durch den Meeresspiegelanstieg »ertrunken« sind und als kleine Inseln über den Meeresspiegel ragen.

Schelfeis
Auf dem Polarmeer schwimmende, großflächige Eistafeln, die überwiegend vom Inlandeis gespeist werden und mit diesem fest verbunden sind. Bis zu mehrere 100 Meter mächtig. Bruchstücke bilden Eisberge.

Schildvulkan
Flache schildförmige Vulkanform, mit einem zentralen Schlot, gebildet durch radiales Abfließen sehr dünnflüssiger (heißer) Lava.

Schlick
Feinkörniger Sedimentschlamm mit hohen Ton- und Lehmanteilen sowie organischen Bestandteilen. Ablagerung von Schlick kann im Meer, in Seen und in Überschwemmungsgebieten von Flüssen erfolgen.

Schummerung
Künstlich erzeugte Schattierungen in kartografischen Darstellungen, welche die Geländestrukturen hervorheben und einen plastischen Reliefeindruck erzeugen sollen.

Schwemmland
Ablagerungen aus losem Feinmaterial (Ton, Lehm, Sand, Kies), angeschwemmt von einem Fließgewässer, dessen Transportkraft aufgrund einer Verlangsamung seiner Fließgeschwindigkeit nachgelassen hat (z. B. im Mündungsbereich eines Flusses).

Sediment
Ablagerungen aus abgetragenem und transportiertem Material, toten Organismen oder ausgefällten Salzen und Gipsen. Können sich zu Sedimentgesteinen verfestigen.

Seegang
Oberbegriff für Dünung und Windsee.

Seegat
Eine durch die Gezeitenströmung stetig und stark erodierende, schmale, bis zu 30 Meter tiefe Strömungsrinne zwischen den Inseln eines Wattenmeeres.

Seegras
Grasähnliche Meerespflanzengattung, die untergetaucht lebt, bis in Tiefen von 15 Meter vorkommt und oft wiesenartige Teppiche ausbildet.

Steppe
Weitgehend baumfreie, trockene Graslandschaft der gemäßigten Breiten.

Strandhaken
Länglicher Sedimentationskörper, der, ausgehend von Küstenvorsprüngen, hakenartig ins Meer wächst. Strandhaken sind die Vorstufe zur Nehrung.

Stratovulkan
Auch Schichtvulkan. Verbreiteter Vulkantyp mit abwechselnden Schichten aus Lava und Lockermaterial (Asche, Schlacken). Charakteristische, steile Kegelform.

Streuung
Ablenkung eines Teils der Strahlung beim Durchgang durch ein Medium (hier: Atmosphäre, Wasser).

Sund
Meeresstraße oder Meerenge. Lokalbezeichnung im Ostseeraum und in Norwegen.

Thermokarst
Sackungsformen (Dellen, Mulden, Wannen, Rinnen usw.) in Permafrostgebieten. Entstehen durch Volumenverluste beim sommerlichen An- und Auftauen des Bodeneises.

Topografie
Etwa gleichbedeutend mit Gelände, Relief, Terrain.

Trogtäler
Von Gletschertätigkeit tief ausgeschürfte und übersteilte Flusstäler. Nacheiszeitlich überflutete Trogtäler bilden Fjorde.

Tundra
Baumfreier oder baumarmer Landschaftsgürtel der Subpolargebiete. Kennzeichnend sind Moose, Flechten, Grasfluren und Zwergsträucher sowie Permafrostböden.

UNESCO
United Nations Educational, Scientific and Cultural Organization (Organisation der Vereinten Nationen für Erziehung, Wissenschaft und Kultur).

USGS
United States Geological Survey. Geologischer Dienst der Vereinigten Staaten.

Verlandung
Sukzessiver Prozess der Auffüllung stehender oder langsam fließender Gewässer mit Sedimenten und organischem Material.

Vulkan
Charakteristische, oft kuppel- oder kegelförmige Struktur, die sich bildet, wenn Gesteinsschmelze aus dem Erdinneren an die Oberfläche gelangt.

Watt
Saumbereich an Flachlandküsten, der bei Hochwasser wasserbedeckt ist und bei Niedrigwasser trocken fällt. Ständiger Materialeintrag, -abtrag, -umlagerung (Sand, Schlick).

Wattenmeer
Ganzheitliche Betrachtung von Wattflächen, Prielen, Seegatten, Flachwasserbereichen, Salzwiesen, Dünen. Landschaft und Lebensraum, geprägt von Ebbe und Flut.

World Wind
Kostenlose Software von der NASA zur Darstellung von Satellitenbildern, Luftbildern, Höhendaten und weiteren Geodaten auf einem virtuellen Globus.

Zentralvulkan
Große Vulkanbauten mit wiederholter Ausbruchstätigkeit und Förderschloten mit rundem Querschnitt. Oberbegriff für Strato- und Schildvulkane.

Zahlen, Daten, Fakten

Nordsee und Ostsee

Rügen
Land: Deutschland
Meer: Ostsee
Satellit: »Landsat 7«
Sensor: ETM+
Aufnahmehöhe: 705 km
Bildanzahl: 1
Aufnahmedatum: 11. 7. 1999
Bildausschnitt: 94,5 × 78,75 km
Bildmaßstab: 1 : 350 000 (1 cm = 3,5 km)
Koordinaten: 54° 23' N, 13° 28' O
Rohdatenquelle: GLCF

Åland-Inseln
Land: Finnland
Meer: Ostsee, Bottnischer Meerbusen
Satellit: »Landsat 7«
Sensor: ETM+
Aufnahmehöhe: 705 km
Bildanzahl: 2
Aufnahmedatum: 19. 4. 2003
Bildausschnitt: 150 × 125 km
Bildmaßstab: 1 : 560 000 (1 cm = 5,6 km)
Koordinaten: 60° 18' N, 20° 39' O
Rohdatenquelle: USGS

Dänemark
Land: Dänemark
Meer: Nord- und Ostsee
Satellit: »Landsat 7«
Sensor: ETM+
Aufnahmehöhe: 705 km
Bildanzahl: 17
Aufnahmedatum: diverse (Mosaik)
Bildausschnitt: 513 × 427,5 km
Bildmaßstab: 1 : 1 900 000 (1 cm = 19 km)
Koordinaten: 55° 47' N, 11° 33' O
Rohdatenquelle: GLCF

Danziger Bucht
Land: Polen
Meer: Ostsee
Satellit: »Landsat 7«
Sensor: ETM+
Aufnahmehöhe: 705 km
Bildanzahl: 8
Aufnahmedatum: diverse (Mosaik)
Bildausschnitt: 240 × 200 km
Bildmaßstab: 1 : 890 000 (1 cm = 8,9 km)
Koordinaten: 54° 55' N, 19° 43' O
Rohdatenquelle: USGS

Skandinavische Halbinsel
Land: Finnland, Norwegen, Schweden
Meer: Nord- und Ostsee
Satellit: »Terra« und »Aqua«
Sensor: MODIS
Aufnahmehöhe: 705 km
Bildanzahl: 21
Aufnahmedatum: diverse (Mosaik)
Bildausschnitt: 2241 × 1867,5 km
Bildmaßstab: 1 : 8 300 000 (1 cm = 83 km)
Koordinaten: 63° 42' N, 20° O
Rohdatenquelle: NASA/GSFC

Nordfriesische Inseln
Land: Deutschland
Meer: Nordsee, Deutsche Bucht
Satellit: »Landsat 7«
Sensor: ETM+
Aufnahmehöhe: 705 km
Bildanzahl: 2
Aufnahmedatum: 9. 5. 2001, 15. 5. 2000
Bildausschnitt: 135 × 112,5 km
Bildmaßstab: 1 : 500 000 (1 cm = 5 km)
Koordinaten: 54° 37' N, 8° 10' O
Rohdatenquelle: GLCF

Ostfriesische Inseln
Land: Deutschland
Meer: Nordsee, Deutsche Bucht
Satellit: »Landsat 7«
Sensor: ETM+
Aufnahmehöhe: 705 km
Bildanzahl: 5
Aufnahmedatum: diverse (Mosaik)
Bildausschnitt: 135 × 112,5 km
Bildmaßstab: 1 : 500 000 (1 cm = 5 km)
Koordinaten: 53° 43' N, 7° 38' O
Rohdatenquelle: GLCF

Straße von Dover
Land: Frankreich, England
Meer: Nordsee
Satellit: »Landsat 7«
Sensor: ETM+
Aufnahmehöhe: 705 km
Bildanzahl: 8
Aufnahmedatum: diverse (Mosaik)
Bildausschnitt: 324 × 270 km
Bildmaßstab: 1 : 1 200 000 (1 cm = 12 km)
Koordinaten: 51° N, 2° 18' O
Rohdatenquelle: GLCF & USGS

Atlantischer Ozean

Diaz Point
Land: Namibia
Meer: Atlantischer Ozean
Satellit: »Landsat 7«
Sensor: ETM+
Aufnahmehöhe: 705 km
Bildanzahl: 2
Aufnahmedatum: 14. 5. 2002, 10. 1. 2000
Bildausschnitt: 162 × 135 km
Bildmaßstab: 1 : 600 000 (1 cm = 6 km)
Koordinaten: 26° 4' S, 14° 43' O
Rohdatenquelle: GLCF & USGS

Cape Cod
Land: USA
Meer: Atlantischer Ozean
Satellit: »Landsat 7«
Sensor: ETM+
Aufnahmehöhe: 705 km
Bildanzahl: 1
Aufnahmedatum: 21. 7. 2001
Bildausschnitt: 135 × 112,5 km
Bildmaßstab: 1 : 500 000 (1 cm = 5 km)
Koordinaten: 41° 45' N, 69° 42' W
Rohdatenquelle: USGS

Färöer-Inseln
Land: Dänemark
Meer: Atlantischer Ozean
Satellit: »Landsat 7«
Sensor: ETM+
Aufnahmehöhe: 705 km
Bildanzahl: 2
Aufnahmedatum: 27. 7. 1999
Bildausschnitt: 148,5 × 123,75 km
Bildmaßstab: 1 : 550 000 (1 cm = 5,5 km)
Koordinaten: 61° 53' N, 6° 18' W
Rohdatenquelle: USGS

Cat Island
Land: Bahamas
Meer: Atlantischer Ozean
Satellit: »Landsat 7«
Sensor: ETM+
Aufnahmehöhe: 705 km
Bildanzahl: 5
Aufnahmedatum: diverse (Mosaik)
Bildausschnitt: 202,5 × 168,75 km
Bildmaßstab: 1 : 750 000 (1 cm = 7,5 km)
Koordinaten: 24° 51' N, 76° 8' W
Rohdatenquelle: GLCF & USGS

Kapstadt
Land: Südafrika
Meer: Atlantischer Ozean
Satellit: »Landsat 7«
Sensor: ETM+
Aufnahmehöhe: 705 km
Bildanzahl: 2
Aufnahmedatum: 3. 6. 2002; 13. 6. 2000
Bildausschnitt: 90 × 75 km
Bildmaßstab: 1 : 330 000 (1 cm = 3,3 km)
Koordinaten: 34° S, 18° 38' O
Rohdatenquelle: GLCF

Florida Keys
Land: USA
Meer: Atlantischer Ozean, Golf von Mexiko
Satellit: »Landsat 7«
Sensor: ETM+
Aufnahmehöhe: 705 km
Bildanzahl: 1
Aufnahmedatum: 13. 11. 2001
Bildausschnitt: 94,5 × 78,75 km
Bildmaßstab: 1:350 000 (1 cm = 3,5 km)
Koordinaten: 24° 46' N, 82° 17' W
Rohdatenquelle: GLCF

La Palma
Land: Spanien
Meer: Atlantischer Ozean
Satellit: »Landsat 7«
Sensor: ETM+
Aufnahmehöhe: 705 km
Bildanzahl: 2
Aufnahmedatum: 2. 2. 2002, 4. 7. 1999
Bildausschnitt: 97 × 81 km
Bildmaßstab: 1:360 000 (1 cm = 3,6 km)
Koordinaten: 28° 36' N, 17° 49' W
Rohdatenquelle: USGS

Lanzarote
Land: Spanien
Meer: Atlantischer Ozean
Satellit: »Landsat 7«
Sensor: ETM+
Aufnahmehöhe: 705 km
Bildanzahl: 1
Aufnahmedatum: 3. 9. 2000
Bildausschnitt: 90 × 75 km
Bildmaßstab: 1:330 000 (1 cm = 3,3 km)
Koordinaten: 29° 9' N, 13° 31' W
Rohdatenquelle: USGS

Skaftafell
Land: Island
Meer: Atlantischer Ozean
Satellit: »Landsat 7«
Sensor: ETM+
Aufnahmehöhe: 705 km
Bildanzahl: 2
Aufnahmedatum: 4. 8. 1999, 28. 7. 1999
Bildausschnitt: 81 × 67,5 km
Bildmaßstab: 1:300 000 (1 cm = 3 km)
Koordinaten: 64° 6' N, 16° 41' W
Rohdatenquelle: GLCF

Bermuda-Inseln
Land: Großbritannien
Meer: Atlantischer Ozean, Sargassosee
Satellit: »Landsat 7«
Sensor: ETM+
Aufnahmehöhe: 705 km
Bildanzahl: 2
Aufnahmedatum: 14. 8. 1999
Bildausschnitt: 85 × 71 km
Bildmaßstab: 1:315 000 (1 cm = 3,15 km)
Koordinaten: 32° 15' N, 64° 59' W
Rohdatenquelle: GLCF

Mississippi-Delta
Land: USA
Meer: Atlantischer Ozean, Golf von Mexiko
Satellit: »Landsat 7«
Sensor: ETM+
Aufnahmehöhe: 705 km
Bildanzahl: 1
Aufnahmedatum: 15. 10. 2001
Bildausschnitt: 90 × 75 km
Bildmaßstab: 1:330 000 (1 cm = 3,3 km)
Koordinaten: 29° 11' N, 89° 16' W
Rohdatenquelle: GLCF

Belcher Islands
Land: Kanada
Meer: Atlantischer Ozean, Hudson Bay
Satellit: »Landsat 7«
Sensor: ETM+
Aufnahmehöhe: 705 km
Bildanzahl: 4
Aufnahmedatum: diverse (Mosaik)
Bildausschnitt: 162 × 135 km
Bildmaßstab: 1:600 000 (1 cm = 6 km)
Koordinaten: 56° 16' N, 79° 15' W
Rohdatenquelle: USGS

Nord- und Südpolarmeer

Ostrow Makar
Land: Russland
Meer: Nordpolarmeer, Laptewsee
Satellit: »Landsat 7«
Sensor: ETM+
Aufnahmehöhe: 705 km
Bildanzahl: 2
Aufnahmedatum: 4. 8. 2000; 16. 8. 2001
Bildausschnitt: 108 × 90 km
Bildmaßstab: 1:400 000 (1 cm = 4 km)
Koordinaten: 71° 56' N, 139° 3' O
Rohdatenquelle: GLCF

Drygalski-Gletscherzunge
Land: Antarktis
Meer: Südpolarmeer, Rossmeer
Satellit: »Landsat 7«
Sensor: ETM+
Aufnahmehöhe: 705 km
Bildanzahl: 5
Aufnahmedatum: diverse (Mosaik)
Bildausschnitt: 180 × 150 km
Bildmaßstab: 1:670 000 (1 cm = 6,7 km)
Koordinaten: 75° 17' S, 163° 59' O
Rohdatenquelle: USGS

Hornstrandir
Land: Island
Meer: Nordpolarmeer, Dänemarkstraße
Satellit: »Landsat 5«, »Landsat 7«
Sensor: TM, ETM+
Aufnahmehöhe: 705 km
Bildanzahl: 3
Aufnahmedatum: diverse (Mosaik)
Bildausschnitt: 90 × 75 km
Bildmaßstab: 1:330 000 (1 cm = 3,3 km)
Koordinaten: 66° 14' N, 22° 55' W
Rohdatenquelle: GLCF

Jan Mayen
Land: Norwegen
Meer: Nordpolarmeer, Grönlandsee
Satellit: »Landsat 7«
Sensor: ETM+
Aufnahmehöhe: 705 km
Bildanzahl: 1
Aufnahmedatum: 18. 3. 2001
Bildausschnitt: 120 × 100 km
Bildmaßstab: 1:440 000 (1 cm = 4,4 km)
Koordinaten: 71° N, 8° 31' W
Rohdatenquelle: USGS

Davis-Straße
Land: Grönland
Meer: Nordpolarmeer, Labradorsee, Baffin-Bucht
Satellit: »Landsat 7«
Sensor: ETM+
Aufnahmehöhe: 705 km
Bildanzahl: 1
Aufnahmedatum: 15. 3. 2001
Bildausschnitt: 135 × 112,5 km
Bildmaßstab: 1:500 000 (1 cm = 5 km)
Koordinaten: 68° 21' N, 53° 51' W
Rohdatenquelle: USGS

Mackenzie-Delta
Land: Kanada
Meer: Nordpolarmeer, Beaufortsee
Satellit: »Landsat 7«
Sensor: ETM+
Aufnahmehöhe: 705 km
Bildanzahl: 10
Aufnahmedatum: diverse (Mosaik)
Bildausschnitt: 297 × 247,5 km
Bildmaßstab: 1:1 100 000 (1 cm = 11 km)
Koordinaten: 69° 10' N, 132° 32' W
Rohdatenquelle: GLCF & USGS

Disko-Bucht
Land: Grönland
Meer: Nordpolarmeer, Baffin-Bucht
Satellit: »Landsat 7«
Sensor: ETM+
Aufnahmehöhe: 705 km
Bildanzahl: 8
Aufnahmedatum: diverse (Mosaik)
Bildausschnitt: 351 × 292,5 km
Bildmaßstab: 1:1 300 000 (1 cm = 13 km)
Koordinaten: 69° 40' N, 52° 4' W
Rohdatenquelle: USGS

Robertson Island
Land: Antarktis
Meer: Südpolarmeer, Weddellmeer
Satellit: »Landsat 7«
Sensor: ETM+
Aufnahmehöhe: 705 km
Bildanzahl: 1
Aufnahmedatum: 21. 2. 2000
Bildausschnitt: 135 × 112,5 km
Bildmaßstab: 1:500 000 (1 cm = 5 km)
Koordinaten: 65° 23' S, 59° 44' W
Rohdatenquelle: USGS

Pazifischer Ozean

Weihnachtsinsel
Land: Kiribati
Meer: Pazifischer Ozean
Satellit: »Landsat 7«
Sensor: ETM+
Aufnahmehöhe: 705 km
Bildanzahl: 1
Aufnahmedatum: 16. 9. 1999
Bildausschnitt: 60 × 50 km
Bildmaßstab: 1:220 000 (1 cm = 2,2 km)
Koordinaten: 1° 54' N, 157° 22' W
Rohdatenquelle: USGS

Kurilen
Land: Russland
Meer: Pazifischer Ozean, Ochotskisches Meer
Satellit: »Landsat 7«
Sensor: ETM+
Aufnahmehöhe: 705 km
Bildanzahl: 1
Aufnahmedatum: 19. 7. 2002
Bildausschnitt: 120 × 100 km
Bildmaßstab: 1:440 000 (1 cm = 4,4 km)
Koordinaten: 49° 4' N, 154° 8' O
Rohdatenquelle: USGS

Airlie Beach
Land: Australien
Meer: Pazifischer Ozean, Korallensee
Satellit: »Landsat 7«
Sensor: ETM+
Aufnahmehöhe: 705 km
Bildanzahl: 1
Aufnahmedatum: 25. 8. 2000
Bildausschnitt: 120 × 100 km
Bildmaßstab: 1:440 000 (1 cm = 4,4 km)
Koordinaten: 20° 8' S, 149° 9' O
Rohdatenquelle: GLCF

Atacama-Wüste
Land: Chile
Meer: Pazifischer Ozean
Satellit: »Landsat 7«
Sensor: ETM+
Aufnahmehöhe: 705 km
Bildanzahl: 5
Aufnahmedatum: diverse (Mosaik)
Bildausschnitt: 324 × 270 km
Bildmaßstab: 1:1 200 000 (1 cm = 12 km)
Koordinaten: 22° 17' S, 69° 58' W
Rohdatenquelle: USGS

Jangtse-Delta
Land: China
Meer: Pazifischer Ozean, Ostchinesisches Meer
Satellit: »Landsat 7«
Sensor: ETM+
Aufnahmehöhe: 705 km
Bildanzahl: 1
Aufnahmedatum: 3. 7. 2001
Bildausschnitt: 162 × 135 km
Bildmaßstab: 1:600 000 (1 cm = 6 km)
Koordinaten: 31° 41' N, 121° 54' O
Rohdatenquelle: USGS

San Francisco
Land: USA
Meer: Pazifischer Ozean
Satellit: »Landsat 7«
Sensor: ETM+
Aufnahmehöhe: 705 km
Bildanzahl: 2
Aufnahmedatum: 1.9.2002, 9.5.2001
Bildausschnitt: 120 × 100 km
Bildmaßstab: 1:440 000 (1 cm = 4,4 km)
Koordinaten: 37° 47' N, 122° 22' W
Rohdatenquelle: USGS

Galapagos-Inseln
Land: Ecuador
Meer: Pazifischer Ozean
Satellit: »Landsat 7«
Sensor: ETM+
Aufnahmehöhe: 705 km
Bildanzahl: 2
Aufnahmedatum: 26.10.2001
Bildausschnitt: 175,5 × 146,25 km
Bildmaßstab: 1:650 000 (1 cm = 6,5 km)
Koordinaten: 0° 26' S, 90° 59' W
Rohdatenquelle: USGS

Great Barrier Reef
Land: Australien
Meer: Pazifischer Ozean, Korallensee
Satellit: »Terra« und »Aqua«
Sensor: MODIS
Aufnahmehöhe: 705 km
Bildanzahl: 8
Aufnahmedatum: diverse (Mosaik)
Bildausschnitt: 1890 × 1575 km
Bildmaßstab: 1:7 000 000 (1 cm = 70 km)
Koordinaten: 15° 35' S, 147° 38' O
Rohdatenquelle: NASA/GSFC

Tahiti
Land: Französisch-Polynesien
Meer: Pazifischer Ozean
Satellit: »Landsat 7«
Sensor: ETM+
Aufnahmehöhe: 705 km
Bildanzahl: 2
Aufnahmedatum: 19.4.2003, 11.7.2001
Bildausschnitt: 135 × 112,5 km
Bildmaßstab: 1:500 000 (1 cm = 5 km)
Koordinaten: 17° 28' S, 149° 31' W
Rohdatenquelle: USGS

Yunaska Island
Land: Alaska
Meer: Pazifischer Ozean, Beringmeer
Satellit: »Landsat 7«
Sensor: ETM+
Aufnahmehöhe: 705 km
Bildanzahl: 1
Aufnahmedatum: 15.8.2000
Bildausschnitt: 90 × 75 km
Bildmaßstab: 1:330 000 (1 cm = 3,3 km)
Koordinaten: 52° 47' N, 171° 8' W
Rohdatenquelle: GLCF

Indischer Ozean

Malediven
Land: Republik Malediven
Meer: Indischer Ozean
Satellit: »Landsat 7«
Sensor: ETM+
Aufnahmehöhe: 705 km
Bildanzahl: 2
Aufnahmedatum: 7.3.2000, 12.1.2001
Bildausschnitt: 150 × 125 km
Bildmaßstab: 1:550 000 (1 cm = 5,5 km)
Koordinaten: 3° 6' N, 73° 29' O
Rohdatenquelle: GLCF & USGS

Shark Bay
Land: Australien
Meer: Indischer Ozean
Satellit: »Landsat 7«
Sensor: ETM+
Aufnahmehöhe: 705 km
Bildanzahl: 2
Aufnahmedatum: 12.8.2000, 20.7.2000
Bildausschnitt: 176 × 146 km
Bildmaßstab: 1:650 000 (1 cm = 6,5 km)
Koordinaten: 26° S, 113° 38' O
Rohdatenquelle: GLCF

Ganges-Delta
Land: Bangladesch
Meer: Indischer Ozean, Golf von Bengalen
Satellit: »Landsat 7«
Sensor: ETM+
Aufnahmehöhe: 705 km
Bildanzahl: 4
Aufnahmedatum: diverse (Mosaik)
Bildausschnitt: 162 × 135 km
Bildmaßstab: 1:600 000 (1 cm = 6 km)
Koordinaten: 21° 42' N, 89° 24' O
Rohdatenquelle: GLCF

Straße von Hormus
Land: Iran, Oman, Vereinigte Arabische Emirate
Meer: Indischer Ozean, Persischer Golf
Satellit: »Landsat 7«
Sensor: ETM+
Aufnahmehöhe: 705 km
Bildanzahl: 24
Aufnahmedatum: diverse (Mosaik)
Bildausschnitt: 540 × 450 km
Bildmaßstab: 1:2 000 000 (1 cm = 20 km)
Koordinaten: 25° 21' N, 56° 40' O
Rohdatenquelle: USGS

Indus-Delta
Land: Pakistan
Meer: Indischer Ozean, Arabisches Meer
Satellit: »Landsat 7«
Sensor: ETM+
Aufnahmehöhe: 705 km
Bildanzahl: 7
Aufnahmedatum: diverse (Mosaik)
Bildausschnitt: 189 × 157,5 km
Bildmaßstab: 1:700 000 (1 cm = 7 km)
Koordinaten: 24° 20' N, 67° 31' O
Rohdatenquelle: USGS

Kerguelen
Land: Frankreich
Meer: Südindischer Ozean
Satellit: »Landsat 7«
Sensor: ETM+
Aufnahmehöhe: 705 km
Bildanzahl: 10
Aufnahmedatum: diverse (Mosaik)
Bildausschnitt: 162 × 135 km
Bildmaßstab: 1:600 000 (1 cm = 6 km)
Koordinaten: 49° 8' S, 69° 32' O
Rohdatenquelle: USGS

Mittelmeer

Straße von Gibraltar
Land: Großbritannien, Marokko, Spanien
Meer: Mittelmeer
Satellit: »Landsat 7«
Sensor: ETM+
Aufnahmehöhe: 705 km
Bildanzahl: 3
Aufnahmedatum: diverse (Mosaik)
Bildausschnitt: 108 × 90 km
Bildmaßstab: 1:400 000 (1 cm = 4 km)
Koordinaten: 35° 55' N, 4° 57' W
Rohdatenquelle: GLCF

Wolga-Delta
Land: Russland
Meer: Kaspisches Meer
Satellit: »Landsat 7«
Sensor: ETM+
Aufnahmehöhe: 705 km
Bildanzahl: 5
Aufnahmedatum: diverse (Mosaik)
Bildausschnitt: 216 × 180 km
Bildmaßstab: 1:800 000 (1 cm = 8 km)
Koordinaten: 45° 58' N, 48° 34' O
Rohdatenquelle: USGS

Ibiza und Formentera
Land: Spanien
Meer: Mittelmeer
Satellit: »Landsat 7«
Sensor: ETM+
Aufnahmehöhe: 705 km
Bildanzahl: 2
Aufnahmedatum: 12.3.2003, 23.4.2001
Bildausschnitt: 72 × 60 km
Bildmaßstab: 1:265000 (1 cm = 2,65 km)
Koordinaten: 38° 52' N, 1° 32' O
Rohdatenquelle: GLCF & USGS

Nördliche Adria
Land: Kroatien
Meer: Mittelmeer, Adriatisches Meer
Satellit: »Landsat 7«
Sensor: ETM+
Aufnahmehöhe: 705 km
Bildanzahl: 6
Aufnahmedatum: diverse (Mosaik)
Bildausschnitt: 210 × 175 km
Bildmaßstab: 1:775000 (1 cm = 7,75 km)
Koordinaten: 44° 58' N, 14° 20' O
Rohdatenquelle: USGS

Bosporus
Land: Türkei
Meer: Mittelmeer, Schwarzes Meer
Satellit: »Landsat 7«
Sensor: ETM+
Aufnahmehöhe: 705 km
Bildanzahl: 2
Aufnahmedatum: 2.7.2000
Bildausschnitt: 108 × 90 km
Bildmaßstab: 1:400 000 (1 cm = 4 km)
Koordinaten: 41° 6' N, 29° 7' O
Rohdatenquelle: USGS

Astypalaia
Land: Griechenland
Meer: Mittelmeer, Ägäisches Meer
Satellit: »Landsat 7«
Sensor: ETM+
Aufnahmehöhe: 705 km
Bildanzahl: 1
Aufnahmedatum: 9.7.2000
Bildausschnitt: 81 × 67,5 km
Bildmaßstab: 1:300 000 (1 cm = 3 km)
Koordinaten: 36° 23' N, 26° 25' O
Rohdatenquelle: USGS

Mallorca
Land: Spanien
Meer: Mittelmeer
Satellit: »Landsat 7«
Sensor: ETM+
Aufnahmehöhe: 705 km
Bildanzahl: 8
Aufnahmedatum: diverse (Mosaik)
Bildausschnitt: 120 × 100 km
Bildmaßstab: 1:440 000 (1 cm = 4,4 km)
Koordinaten: 39° 36' N, 2° 56' O
Rohdatenquelle: GLCF & USGS

Nil-Delta
Land: Ägypten
Meer: Mittelmeer
Satellit: »Landsat 7«
Sensor: ETM+
Aufnahmehöhe: 705 km
Bildanzahl: 29
Aufnahmedatum: diverse (Mosaik)
Bildausschnitt: 810 × 675 km
Bildmaßstab: 1:3 000 000 (1 cm = 30 km)
Koordinaten: 28° 37' N, 32° 20' O
Rohdatenquelle: GLCF

Ostrowa Tjuleni
Land: Kasachstan
Meer: Kaspisches Meer
Satellit: »Landsat 7«
Sensor: ETM+
Aufnahmehöhe: 705 km
Bildanzahl: 1
Aufnahmedatum: 9.10.1999
Bildausschnitt: 90 × 75 km
Bildmaßstab: 1:330 000 (1 cm = 3,3 km)
Koordinaten: 44° 52' N, 50° 26' O
Rohdatenquelle: GLCF

Die Deutsche Nationalbibliothek verzeichnet diese
Publikation in der Deutschen Nationalbibliografie;
detaillierte bibliografische Daten sind im Internet unter http://dnb.ddb.de abrufbar.

1. Auflage 2009

Gestaltung, Satz, Layout: mareverlag, Hamburg
Bilder: Claudius Diemer, albedo39 Satellitenbildwerkstatt
Rohdaten: NASA, GSFC, USGS, GLCF, NGDC (wenn nicht anders vermerkt)
Schrift: Scala Sans
Bildbearbeitung: MetaServices, Berlin
Druck: gutenberg beuys feindruckerei, Hannover
Verarbeitung: Integralis Industriebuchbinderei, Hannover
Printed in Germany
ISBN 978-3-86648-098-8

www.mare.de